总主编 周卓平 蒋 柯

做情绪的主人

情绪管理与健康指导手册

第六册

情绪与社会交往

本册主编 孙雨圻 胡 可

上海教育出版社
SHANGHAI EDUCATIONAL
PUBLISHING HOUSE

目录

缓解情绪压力的法则　　87

认识情绪

情绪与社会交往

【 知识导图 】

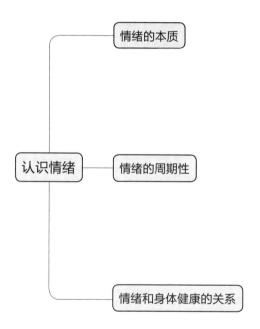

记下你的心得体会

人生活在世界上，不断与周围环境相互作用，会产生各种各样的情绪体验——欣喜、快乐、自豪、平静、失落、紧张、恐惧、悲伤、内疚、羞愧、气馁、愤怒……情绪已融入人们的生活，赋予生活特有的色彩。

心理学者卢家楣指出，情绪是个体认知评价客观事物是否符合需要和预期时产生的一种态度体验。通过调节客观事物与个体的需要和预期之间的关系，或调整个体对客观事物的认知评价，可以调节和管理人的情绪。例如，婴儿用哭表达着自己的需求——饿了、不舒服了、需要安抚了，等等。当婴儿的需求得到满足时，婴儿的情绪就会发生变化，停止哭泣，露出笑脸。

情绪是个体针对内部或外部事件产生的一种身心反应。情绪既有文化特性，又有生物学特性。情绪的微妙之处已经大大超出人类语言能够描述的范围。情绪具有动力、强化、调节、信号、感染、迁移、疏导、保健、协调等功能。因此，情绪必然是有活力的、可调节的，这样，情绪的强大功能才能得以发挥。情绪调节最终的目标是帮助个体适应。随着人的成长，人逐渐融入社会，情绪也随着人进入社会文化规范系统。在日常生活中，为了适应环境，人总是积极地调节情绪、塑造情绪，最大化情绪的有利特征，同时最小化情绪的不利特征。

情绪的本质

情绪有主观体验、外部表现和生理唤醒三种成分。符合主体的需要和愿望，就会引起积极的、肯定的情绪，相反就会引起消极的、否定的情绪。

主观体验是个体对不同情绪状态的自我感受，是情绪的核心部分。每种情绪都有不同的主观体验，分别代表了人的不同感受，如快乐、兴奋、满足、自豪、担心、害怕、焦虑、痛苦、自责、愤怒等，它们构成了情绪的心理内容。情绪是一种主观体验，很难根据人的情绪确定诱发此种情绪的客观刺激是什么，而且不同人对同一客观刺激也可能产生不同的主观情绪体验。因此，情绪的测量一般采用自我报告的方法。

记下你的心得体会

情绪的外部表现，通常称为表情。情绪的外部表现是个体在情绪状态发生时身体各部分的动作变化形式，包括面部表情、姿态表情和语调表情。面部表情是所有面部肌肉变化组成的模式，如高兴时额眉平展、面颊上提、嘴角上翘。面部表情模式能精细地表达不同性质的情绪，因此是鉴别情绪的主要部分。姿态表情是指面部以外的身体其他部分的表情动作，包括手势、身体姿势等，如人在痛苦时捶胸顿足，愤怒时摩拳擦掌等。语调也是表达情绪的一种重要形式，即通过言语的声调、节奏和速度等方面的变化来表达情绪，如高兴时语调高昂，语速快；痛苦时语调低沉，语速慢。

生理唤醒是指情绪引起的生理反应。这些生理反应主要通过人体的自主神经系统中的交感神经系统和副交感神经系统的作用产生，主要包括呼吸系统、循环系统、消化系统、内分泌系统以及脑电、皮肤电反应等方面的变化。一般来说，交感神经系统与紧张而不快乐的情绪体验有关，兴奋时会引起血管收缩、血压升高、心跳加快、消化系统运动减弱、肝糖分泌增加、肾上腺素分泌增多、汗腺分泌增多等变化；副交感神经系统往往与平静和快乐的情绪过程有关，其兴奋时的作用正好与交感神经系统相反，会引起血管扩张、血压降低、心跳减慢、消化系统运动加强、肝糖分泌减少、肾上腺素分泌减少等变化。

【知识卡】

情绪的生理唤醒

情绪的生理唤醒涉及广泛的神经结构，如中枢神经系统的脑干、中央灰质、丘脑、杏仁核、下丘脑、蓝斑、松果体、前额皮层，以及外周神经系统和内、外分泌腺等。生理唤醒是一种生理的激活水平。不同情绪的生理唤醒模式是不一样的，如满意、愉快时，心跳节律正常，血压平稳，呼吸频率稳定；恐惧或暴怒时，心跳加快，血压升高，呼吸频率增加，甚至出现间歇或停顿；痛苦时，血管容积缩小等。

情绪的周期性

心理学研究发现，人的情绪存在周期变化规律。然而，很多人不了解自己情绪活动的变化规律，不会控制自己的情绪变化或者不善于体谅别人的情绪变化。

科学研究发现，人出生后，生物节律就开始发生周期性变化。情绪的周期性指情绪的某些动力特性（如强度、稳定性、偏好、效能等）随时间的变化而呈现周期性的变化规律。情绪像时钟一样，有规律地变化着，制约和控制着人的感情、欲望，这种周期性也被称为生物钟。

人的情绪周期一般是28天。在28天内，人的情绪经历一个由高到低，再由低到高的变化过程，像正弦曲线一样，这个过程循环往复，永不间断。当人的情绪处于高潮期时，人就会不自觉地表现出精神焕发、谈笑风生；当人的情绪处于低潮期时，人就会不自觉地表现出情绪低落、沉默寡言；当人的情绪处于临界期时，人就会表现出情绪不良、失魂落魄、喜怒无常。

首先，了解了情绪的周期性变化规律后，当你遇到令你生气的事情时，请你先不要急着让情绪占上风，在情绪的作用下冲动处理，而是要让自己冷静下来，待理性占了上风之后，找出情绪变化的原因和规律，再解决事情。

总之，在情绪高潮期，人们的情绪会比较兴奋和积极，而在情绪低潮期，人们的情绪会比较低落和消极。理解和把握情绪周期变化的规律，有助于人们更好地管理自己的情绪，缓解情绪压力，保持心情愉悦、乐观，让自己的生活更加美好。

情绪和身体健康的关系

情绪和身体健康相互影响，它们的关系复杂而微妙。当人们的情绪发生变化时，身体也会受到影响。个体未表达的情绪，身体都记得，情绪对身体健康的影响可能是短暂的，也可能是长期的，甚至是永久的。因此，我们需要认识到情绪和身体健康之间的关系，找到有效的方法来处理情绪，保持身体健康。

负面的情绪会对身体健康产生负面影响。当人们感到愤怒、焦虑、恐惧、失落、沮丧时，他们的身体会产生一种叫作应激反应的生理反应。应激反应会让身体释放一些激素，如肾上腺素和皮质醇等，这些激素会导致身体的一系列负面反应，如心跳加快、血压升高、免疫系统功能降低、消化系统紊乱等。长期处于这种应激状态，会导致许多疾病，如高血压、糖尿病、心脏病等。研究已经发现，白癜风和情绪的关系非常密切——负面的情绪影响身体机能，导致个体机能紊乱，不利于黑色素细胞生长，阻碍了黑色素的生成，从而诱发了白癜风。

积极的情绪会对身体健康产生积极影响。研究表明，积极的情绪和心态可以提高个体的免疫力，促进伤口愈合和恢复，减轻疼痛和疾病的症状。研究还发现，当人们感到快乐、满意、安心、自信、有成就感时，他们的身体会分泌一种叫作内源性激素的物质。这种物质有助于降低血压、加强免疫系统、减轻疼痛、提高耐力和精力等。此外，积极的情绪还能降低患心脏病、糖尿病、癌症等疾病的风险。

下面，我们从生理唤醒、认知评价和行为反应三个方面来分析情绪对身体健康的影响。

第一，生理唤醒与身体健康。心理学家埃克曼（Paul Ekman）认为，生理唤醒是情绪的核心因素之一，并发现几种负面情绪有单独的生理唤醒模式，如愤怒和恐惧情绪与心血管激活水平增加、呼吸频率加快、葡萄糖释放增多等生理唤醒相联系。当个体处于某种情绪状态时，其生理唤醒水平被激活，而使个体的心血管系统、消化系统、内分泌系统和免疫系统的活动发生变化，从而对身体健康产生影响。生理唤醒是情绪影响身体健康的直接途径，但生理唤醒对身体健康是产生积极影响还是消极影响，要根据生理唤醒的频率、强度和持续时间来确定。

第二，认知评价和身体健康。认知评价是情绪影响身体健康的另一个重要因素。这里所讲的"认知"指个体对事情的认知，即个体对事情的看法。个体对事情的认知不

记下你的心得体会

同，便会产生不同的情绪，而不同的情绪又会进一步影响个体的身体健康。

如果一个人得了一种重病，但他自认为这并不是什么大病，只是医生的危言耸听或诊断错误，那么他的积极情绪便会多于消极情绪，他可能不能准确地觉察出疾病的症状。相反，如果他很害怕得重病，当他听到医生的诊断后，便认为自己得了不治之症，消极情绪便会多于积极情绪，那么他可能会更多地关注自身的身体状况，更敏感地觉察出症状变化，从而增强对疾病症状的觉察。因此，个体的认知会影响个体的情绪，进而影响个体对症状的觉察。

个体在了解疾病的症状后，如果不能准确地对疾病进行归因，也可能不会作出正确的选择。例如，如果一个人发现自己发烧了，他将其归因于自己没戴帽子站在阳光下，这样的归因就会导致个体不会选择积极治疗。只有当个体正确认识疾病，个体才会采取积极的、有益于身体健康的行动。

第三，行为反应和身体健康。情绪的一个基本功能是，当个体面临威胁或奖赏时，情绪会激发个体作出相应的行为反应。情绪通过生理唤醒，激发个体作出一些行为反应，这些行为反应又会对身体健康产生短暂或长期的影响。一方面，调节情绪的行为会影响身体健康。人们在产生某种情绪后，往往会通过一些行为来调节情绪，以增强或减弱情绪带来的愉快或不愉快的体验。有些调节情绪的行为是有益于身体健康的，例如，运动、规律生活、积极工作；有些调节情绪的行为是不利于身体健康的，例如，暴饮暴食、吸烟、饮酒等。不利于身体健康的调节情绪的行为会导致个体生理机能紊乱，从而损害身体健康。另一方面，负面情绪（例如，恐惧和忧伤）也可能会导致积极的行为，进而促进个体身体健康。例如，一个对疾病感到恐惧和忧伤的人，虽然情绪很低落，但是这种情绪容易激活个体的生理反应，从而让个体积极求医问药。此外，个体的恐惧和忧伤，还能引起他人的安慰、帮助和支持，这会增加个体增强战胜疾病的信心，促进个体身体健康。

　　情绪的生理唤醒、认知评价和行为反

記下你的心得体会

应会影响个体的身体健康，但它们不是独立地发挥作用，而是相互关联、相互影响，系统地影响身体健康。生理唤醒、认知评价和行为反应之间存在一种非线性动力关系。首先，当个体处于某种情绪状态时，与情绪有关的生理唤醒直接影响自主神经系统（如心血管系统、消化系统、内分泌系统和免疫系统等）的活动，从而影响个体的身体健康。其次，调节情绪的行为通过生理唤醒影响个体的身体健康。与生理唤醒类似，个体的行为反应也形成了一个系统。再次，个体的认知评价在不同水平上影响个体的生理唤醒和行为反应，进而影响个体的身体健康。

记下你的心得体会

小结

1. 情绪是个体认知评价客观事物是否符合需要和预期时产生的一种态度体验。

2. 情绪具有主观体验、外部表现和生理唤醒三种成分。

3. 情绪的周期性是指情绪的某些动力特性（如强度、稳定、偏好、效能等）随着时间的变化而呈现周期性的变化规律，它像时钟一样准确地制约和控制着人的感情、欲望与情绪的变化，因而被称为情感生物钟。

4. 情绪和身体健康相互影响，它们的关系复杂而微妙。当人们的情绪发生变化时，身体也会受到影响。

反思·实践·探究

法拉第是英国著名的物理学家和化学家。1831 年发现电磁感应现象，为现代电工学奠定了基础。1833 年发现电解定律。他还研究电场和磁场，最先引入"场"的概念。

法拉第年轻时，由于工作紧张，用脑过度，身体十分虚弱，多方求治不见好转。一位名医为他做了检查，但并没有给他开药，只说了一句话："一个小丑进城，胜过一打医生。"法拉第认真思考这句话，渐渐领悟了其中的含义。因此，他开始抽出时间去看马戏和喜剧，那些精彩的表演让他快乐开怀。他还经常到野外和海边度假，努力保持愉快的情绪。随着时间的推移，法拉第的身体慢慢康复了。

1. 什么是情绪？谈谈你对情绪本质的理解。

2. 结合法拉第的故事，谈谈情绪和身体健康的关系。

3. 当你面对像法拉第一样的求助者时，身为情绪管理师的你该如何做？

认识情商和情绪弹性

情绪与社会交往

【知识导图】

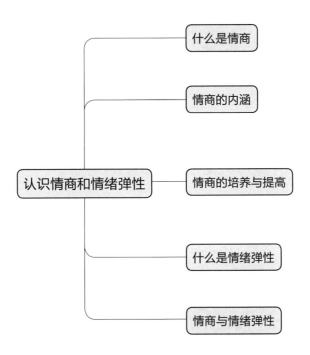

認識情商和情绪弹性
- 什么是情商
- 情商的内涵
- 情商的培养与提高
- 什么是情绪弹性
- 情商与情绪弹性

什么是情商

情商（emotional quotient，简称 EQ），又称情绪智力，是一个与个体成才和事业成功有关的心理学概念，相对于智商（intelligence quotient，简称 IQ）提出。

1995 年，美国哈佛大学心理学教授、纽约时报专栏作家戈尔曼（Daniel Goleman）在总结了大量相关理论和实验研究的基础上，完善了"情商"的概念，撰写了《情商》（1997）一书，对情绪智力进行通俗化的诠释。

戈尔曼在书中描述了一种了解自身感受、控制冲动和恼怒、理智行事、面对各种考验时保持平静和乐观心态的能力，通过综合评价人的乐观程度、理解力、控制力、适应能力等因素来测定人的情绪智力水平。

情商的提出动摇了智力决定一切的观点，使人们进一步认识到一个人的成才不仅要靠智商而且要靠情商。戈尔曼在书中写道："情商是个体最重要的生存能力""智商至多能解释成功因素的 20%，其余 80% 则

记下你的心得体会

归于其他因素，其中最重要的是情商""真正决定一个人能否成功的关键是情商，而不是智商"。

随着社会的发展，人们越来越重视情商。情商高的人一般具有以下特点：能够自我认知、了解自己的情绪、需要和价值观；能够自我管理、控制自己的情绪、行为和思维；具有自我激励的能力，能够鼓励自己并保持积极心态；具有同理心，能够理解他人的情感和需求；具有良好的人际交往能力，能够建立良好的人际关系。

在工作场所，情商高的人往往能够更好地解决问题、更好地与同事合作、更好地应对困难、更好地管理自己的情绪。因此，情商高的人往往更容易获得成功和幸福。

在教育领域，越来越多的学校开始注重培养学生的情商。学生在学习和生活中，需要掌握情绪管理等技能，以便更好地适应和应对各种挑战。教育工作者也需要提高自身的情商，以便更好地教育和引导学生。

在生活中，人们经常会遇到各种各样的情绪问题，如焦虑、忧郁、愤怒等。这些情

记下你的心得体会

绪问题不仅会影响个体的情绪状态，还会给个体的身心健康带来负面影响。情商高的人往往能够更好地应对这些情绪问题。

因此，情商对于个人的成长和发展至关重要。在现代社会，情商已经成为一个人综合素质的表现之一。情绪管理师要学会帮助他人控制自己的情绪，以便他们更好地生活和工作。同时，情绪管理师也需要培养和提高自己的情商，以便更好地适应和应对未来的挑战。

【知识卡】

戈 尔 曼

戈尔曼（Daniel Goleman），哈佛大学心理学博士，美国科学促进协会研究员，四度荣获美国心理协会最高荣誉奖项，20世纪80年代即获得心理学终身成就奖，两次获得普利策奖提名。此外，戈尔曼曾任职《纽约时报》12年，负责大脑与行为科学方面的报道。

戈尔曼的畅销著作有:《情商》《工作情商》等,并凭借《情商》一书一举成名。《情商》一书被翻译成数十种语言,包括中文。1998年和2002年,戈尔曼又出版了两本情商专著——《情商实务》和《最根本的领导力:情商的威力》。戈尔曼被称为"情商实务第一人"。

情商的内涵

戈尔曼提出,情商的内涵包括五个部分:认识自身情绪、妥善管理自身情绪、自我激励、理解他人的情绪和处理人际关系。这五个部分相互关联、相互作用,是情商的重要组成部分。

第一,认识自身情绪。认识自身情绪是情商的基石。认识自身情绪意味着我们需要学会了解自己的情绪状态。只有当我们真正了解自己的情绪状态时,我们才能更好地控制自己的情绪。因此,我们应该保持自我观察和自我反省的习惯,了解自己的情绪变化,及时调整自己的情绪。

第二，妥善管理自身情绪。妥善管理自身情绪建立在自我认知的基础。我们需要学会调节自己的情绪，从而达到自我安慰，摆脱焦虑、忧郁、沮丧等消极情绪的目的。这需要我们妥善管理自己的情绪，学会控制自己的情绪，从而让自己更加平静、冷静和自信。

第三，自我激励。自我激励指胜不骄，败不馁，激励自己朝着一定的目标努力奋进。在学习和工作中，要取得成功就必须专注于目标，发挥创造力，保持高度的热忱。要不断给自己确定目标，不断地强化自己的坚强意志，用自己取得的成就勉励自己，充满自信是取得一切成就的内在动力。

第四，理解他人的情绪。理解他人的情绪需要同理心，也就是理解他人的感受。具备同理心的人能够感觉到他人细微的需求，能够站在他人的角度考虑问题，体察别人的情绪，感受他人的真正感受，了解他人的真正需要。这种能力对于人际交往和职场生涯都非常重要。

第五，处理人际关系。处理人际关系是

记下你的心得体会

情商的重要组成部分。人际关系是一门管理他人情绪的艺术。处理人际关系的关键在于维系融洽的人际关系，具有理解并适应他人情绪的能力。能否细微地关注、恰当地对待他人的情绪，往往决定着一个人的人缘、领导能力和人际和谐程度。

在戈尔曼看来，情商是决定人生成功与否的关键。上述五种能力决定了一个人的情商高低。掌握这五种能力，就能主宰人生。相反，驾驭不了情绪的人，如同大海上被狂风巨浪吹打的一叶扁舟，会完全丧失自我。

总之，情商的重要性不言而喻。掌握情商，对于人们的生活、职业和人际关系都有着重要的意义。因此，我们应该积极学习情商知识并将其应用到实际生活中，从而更好地掌握自己的情绪和生活。

记下你的心得体会

【小贴士】

1. 戈尔曼提出的情商的内涵的五个部分，我们可以将其总结为两个方面：个人情商，即认识自身情绪、妥善管理自身情绪和自我激励；人际情商：理解他人的情绪和处理人际关系。

2. 情商是个体最重要的一种能力，是一种运用个体的情感能力影响个体生活各个方面和未来人生的重要的品质要素，是一种洞察人生价值、揭示人生目标的悟性，也是一种克服内心矛盾冲突、协调人际关系的技巧，是人的一种涵养和社会智力，也是一种心灵力量。总之，情商是人的另一种形式的智慧。

情商的培养与提高

情商在婴幼儿时期就开始形成，并在儿童和青少年时期得到进一步发展。情商主要是通过后天的人际互动培养起来的。研究表明，情商对工作效率的影响比智商大。因此，培养良好的情商对于一个人的成功至关重要。良好的情商有助于个体保持积极的情绪状态，激发创造力和潜力。

高情商的人具备哪些特征呢？

第一，不抱怨和不批评。高情商的人往

往不抱怨、批评、指责或埋怨他人。他们知
道这些负面情绪会传染，并引发更多的不良
情绪。高情商的人专注于做有意义的事情，
维持自己和他人的积极情绪状态。

第二，热情和激情。高情商的人总是保
持对生活、工作的热情和激情。他们知道如
何调动自己的积极情绪，使其成为日常生活
和工作的伴侣，而不让消极情绪影响自己的
情绪状态。

第三，包容和宽容。高情商的人具备宽
容和包容的心态。他们拥有广阔的心胸和眼
界，不斤斤计较，而是以宽容和包容的心态
对待周围的人和事。

第四，沟通和交流。高情商的人善于沟
通和交流，他们以坦诚的态度与他人沟通，
并且真诚而有礼貌地与他人交流。他们明白
沟通和交流是一门技巧，需要不断学习和
实践。

第五，喜欢赞美他人。高情商的人喜
欢赞美他人。他们发自内心地赞美他人，因
为他们知道看到他人的优点可以促使自身更
快地进步，而一味地挑剔，只会让自己故步

自封。

第六，保持好心情。高情商的人每天保持良好的心情。他们每天早上起床时会送给自己一个微笑，并鼓励自己，告诉自己，自己是最棒的、最好的，他们的积极心态使周围的朋友们喜欢和他们相处。

第七，聆听的习惯。高情商的人具备良好的聆听习惯。他们善于倾听他人的意见和想法，仔细倾听别人说话的内容。他们知道聆听是对他人的尊重，也是良好沟通的前提条件。因此，聆听让高情商的人可以更好地与他人沟通。

第八，有责任心。高情商的人有责任心。他们勇于承担责任，遇到问题时会分析问题并解决问题。他们敢于正视自己的优点和不足，是一个敢于承担责任的人。

第九，每天进步一点点。高情商的人每天都在不断进步。他们不仅说到做到，还会立即采取行动。他们知道行动是成功的保证，因此，每天都在努力和进步，这让高情商的人更容易得到朋友的帮助和支持。

第十，记住别人的名字。高情商的人善

于记住别人的名字。他们用心去记别人的名字，因为他们知道只有记住别人的名字，别人才会更愿意接纳自己、与自己交朋友。随着朋友圈的扩大，高情商的人将拥有更优秀的朋友资源。

总之，高情商的人以积极的心态和良好的情绪状态面对生活，善于与他人沟通和交流，并且懂得赞美和聆听他人。他们勇于承担责任，每天都在不断进步。通过培养这些特征，普通人也可以提升自己的情商，从而在工作和生活中取得更大的成功和幸福。

什么是情绪弹性

情绪弹性是个体产生积极情绪以及从消极情绪体验中快速恢复的一种能力。有情绪弹性的人，面对负性事件，也能有效地产生积极情绪，面对消极情绪，也能快速恢复过来。情绪弹性作为一个心理学概念，包含了两个基本要素：积极情绪能力和情绪恢复能力。

积极情绪能力指一个人面对负性事件

时能够有效地产生积极情绪的能力。这种能力使个体能够在困难、挫折或负面事件发生时保持乐观和积极的态度。例如，当一个人遇到工作上的挫折或生活上的困难时，拥有积极情绪能力的人往往能够更快地从消极情绪中走出来，积极寻求解决问题的办法。积极情绪能力有助于个体更好地应对压力和挑战，提高工作效率和生活质量。

情绪恢复能力指一个人快速从消极情绪体验中恢复过来的能力。每个人都会遇到压力，都会产生焦虑等负面情绪，情绪恢复能力强的人能快速调整自己的情绪状态，回到正常的情绪水平。情绪恢复能力使个体能够更好地适应环境变化，减少消极情绪对身心健康的负面影响。例如，当一个人经历了一段情感上的挫折，感到失落时，具备较高情绪恢复能力的人可以更快地从中情感挫折中走出来，重新投入工作和生活。

积极情绪能力和情绪恢复能力之间存在内在联系。研究者认为，积极情绪一般不会像负面情绪那样，让人产生具体的行动倾向，比如，恐惧会引发逃跑，愤怒会引发攻击，但积极情绪可以有效减弱负面情绪的体验和生理唤醒，起到让消极情绪延迟发生效应的作用，能够帮助个体更快地恢复到正常的情绪状态。

情绪弹性具有重要的作用。情绪弹性影响个体的心理健康和幸福感。情绪弹性较高的人，更能应对生活中的压力和挑战，建立积极的人际关系，更有适应性和创造力。因此，每个人都应该提高和培养自己的情绪弹性。

个体可以通过以下方法和策略来提高情绪弹性。首先，个体要保持积极的心态、乐观的思维方式和良好的自我管理能力。其次，个体可以通过寻找快乐的事，保持积极的人际关系，培养兴趣爱好和积极参与活动促进积极情绪的产生。再次，个体可以通过学习和实践一些心理调节和放松技巧来提高情绪恢复能力。最后，个体可以尝试通过深呼吸、冥想、运动等方法来减轻压力和消极情绪，帮助自己更快地从负面情绪中恢复过来。

总之，情绪弹性对个人的心理健康和幸

记下你的心得体会

福具有重要的影响。通过培养积极情绪能力和情绪恢复能力，个体可以更好地应对生活中的挑战和压力，提高自身的适应性和幸福感。因此，我们应该重视并努力提高情绪弹性，过上更加积极、健康和幸福的生活。

情商与情绪弹性

情商是指个体操作情绪的能力，涉及操作自己的情绪、他人的情绪、自己与他人之间的情绪，以及他人之间的情绪。情商的操作对象是情绪本身，个体通过观察、理解、评价、表达和调控等方式处理已经存在的情绪。情绪弹性的操作对象不仅是情绪本身，还包括情绪刺激的意义。情绪弹性反映了个体处理情绪刺激并从负面情绪体验中恢复的能力。

情商和情绪弹性操作情绪或情绪刺激的性质不同。情商不仅反映了个体操作积极情绪的能力，还反映了个体操作负面情绪的能力，而情绪弹性仅仅反映了个体操作负面情绪刺激以及从负面情绪体验中恢复的能力。

情商和情绪弹性操作对象的范围也存在差异。正如前文所述，情商操作的对象不仅包括个体自己的情绪，还包括他人的情绪、个体与他人之间的情绪，以及他人之间的情绪，而情绪弹性仅仅操作与个体自身相关的情绪或情绪刺激。

综上所述，情绪弹性和情商之间既有联系又有区别。对于个体而言，发展情商和情绪弹性是提升情绪管理能力、促进心理健康的关键因素。

小结

1. 情商又称情绪智力，是一个与个体成才和事业成功有关的心理学概念，相对于智商提出。

2. 情商的内涵包括五个部分：认识自身情绪、妥善管理自身情绪、自我激励、理解他人的情绪和处理人际关系。

3. 情商在婴幼儿时期开始形成，并在儿童和青少年时期得到进一步发展。情商主要是通过后天的人际互动培养起来的。

4. 情绪弹性是个体产生积极情绪以及从消极情绪体验中快速恢复的一种能力，包含两个基本要素：积极情绪能力和情绪恢复能力。

5. 情绪弹性和情商之间既有关联又有区别。情绪弹性反映了个体处理负面情绪刺激并从负面情绪体验中恢复的能力，而情商不仅反映了个体操作积极情绪的能力，还反映了个体操作负面情绪的能力。

反思·实践·探究

法国数学家伽罗瓦是伽罗瓦理论的创立者。伽罗瓦理论为群论的建立、发展和应用奠定了基础。伽罗瓦是一个无法控制自己情绪的人。

伽罗瓦中学毕业后，在报考时被主考官嘲笑和误解，伽罗瓦被激怒，不顾一切地将黑板擦扔到主考官头上，最终考试失败。

伽罗瓦21岁时在决斗中受伤去世。在1829—1830年间，伽罗瓦两次将自己的研究成果提交给法国科学院，因某些原因没有收到反馈。伽罗瓦十分恼怒，写信质问法国科学院为何如此轻视"小人物"的研究。法国科学院让数学家泊松出面让伽罗瓦再次提交论文。然而，由于泊松没有完全理解，伽罗瓦的研究成果再次被埋没。在多次提交均无果的情况下，伽罗瓦情绪恶劣，对人生充满失望。据说，1832年3月，伽罗瓦为了一个医生的女儿和另一个人决斗，结果在决斗中身亡。

1. 结合伽罗瓦的案例，谈谈你对情商和智商的看法。

2. 你认为上述案例中的伽罗瓦是一个具有情商的人吗？

3. 如果伽罗瓦向你求助，身为情绪管理师的你该如何帮助他提高情商？

情绪管理

情绪与社会交往

【知识导图】

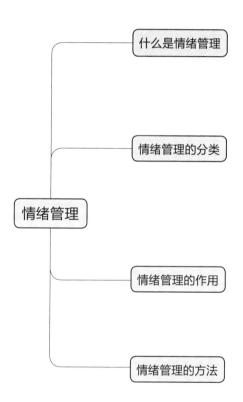

什么是情绪管理

情绪管理是对个体和群体的情绪进行控制和调节的过程。情绪管理是人对自身情绪和他人情绪的认识、协调、引导、互动和控制，是对情商的挖掘和培养，是一种驾驭情绪的能力，是建立和维护良好情绪状态的一种科学方法。

情绪管理的分类

情绪管理是一项重要的技能，它可以帮助人们更好地控制和应对自己的情绪，以及理解和应对他人的情绪。根据不同的标准，情绪管理可以被分为不同的类别。按是否有意识，可以将情绪管理分为有意识的情绪管理和无意识的情绪管理；按管理对象，可以将情绪管理分为对自身的情绪管理和对他人的情绪管理；按管理的范围，可以将情绪管理分为个人情绪管理和组织情绪管理。

第一，有意识的情绪管理和无意识的情绪管理。有意识的情绪管理是指在进行情绪

记下你的心得体会

管理时，管理者对进行的相关情绪管理活动
有主观意识。在管理情绪的过程中，管理者
对情绪管理有一定的了解，并且有一定的计
划和目的。例如，企业人力资源管理部门针
对员工进行的情绪管理活动就属于有意识的
情绪管理；个人进行的有计划的情绪调节活
动也属于有意识的情绪管理。有意识的情绪
管理有明确的目的，执行也有计划性，能够
有的放矢，收获比较好的效果。

　　与此相反，无意识的情绪管理经常发生
在日常生活中。例如，当我们感到生气时，
会告诫自己要保持冷静；当我们感到难过
时，会提醒自己要开心起来。这些都是无意
识的情绪管理。无意识的情绪管理让我们保
持一定的理性，使情绪趋于平稳。然而，无
意识的情绪管理通常是偶发事件，缺乏计划
性和系统性，只能起到临时调节的作用。

　　第二，对自身的情绪管理和对他人的
情绪管理。对自身的情绪管理是指个体为保
持良好的情绪状态，对自己的情绪进行的调
节和管理活动。对自身的情绪管理对个体的
生活、工作，甚至他人都有重要的影响。通

过积极的情绪管理，个人可以更多地处于良好的情绪状态，从而在其他方面取得更好的成果。

对他人的情绪管理是指在与他人交往的过程中，正确辨识和应对他人情绪的一种情绪调控和管理过程。对他人的情绪管理是社会中人际关系的重要组成部分。通过识别、理解和应对他人的情绪，个体可以维持良好的人际关系，也可以保持自身和他人的健康情绪，从而对工作和生活产生重大影响。

第三，个人情绪管理和组织情绪管理。个人情绪管理与对自身的情绪管理相同。组织情绪管理是指组织根据组织的目标，对组织内的成员开展的情绪引导及管理活动，以便员工能够保持合理的情绪状态，达成组织设定的目标。组织情绪管理是人力资源管理的课题之一。有效的组织情绪管理能够加强组织成员的协作性，提高组织工作效率，增加组织效益，最终更好地实现组织的目标。

综上所述，了解情绪管理的分类可以帮

记下你的心得体会

助我们更好地理解和应用情绪管理技巧，提高个人和组织的情绪管理水平。通过有效的情绪管理，人们可以更好地控制情绪，提高生活质量，并取得更好的工作成果，维持和谐的人际关系。

情绪管理的作用

个人情绪管理的作用有如下三个方面。

第一，保持身心健康。积极管理情绪，能够让个体保持稳定的、良好的情绪状态，有利于身心健康。医学研究发现，人在情绪失控的时候，身体会产生一系列的化学反应，而这一系列的化学反应会严重影响小白鼠的生命健康。情绪管理能够减少不利于身心健康的不良化学反应的产生，使个体保持更好的身体和精神状态。情绪管理也有助于个体更好地应对压力和挫折。

第二，促进人际关系和谐。情绪管理能让个体更理性地处理问题。良好的情绪状态能让其他人感受到愉悦，有利于人与人之间的沟通，促进人际关系和谐。一个善于管理情绪的人总能够让自己处于一个和谐的人际关系中。相反，一个不善于管理情绪的人，很多时候都会让自己在人际关系中处于比较不利的位置。

当我们能够有效地管理自己的情绪时，我们可以更好地与人相处。稳定和积极的情绪能够赢得他人的喜欢和尊重，从而促进人际关系的和谐发展。例如，在工作环境中，一个能够控制自己情绪的人更容易与同事合作，解决问题并取得更好的工作成果。相反，那些情绪波动较大或表达不当的人可能会给他人带来困扰，破坏团队的合作氛围。

第三，有利于和谐社会的形成。个人情绪管理的重要目标就是实现社会和谐。通过健康地表达情绪，充分满足人的情感需要，形成一个协调的有利于人类生存与发展的社会状态。情绪管理能够促进人与人之间的和谐，人与群体之间的和谐，人与自然之间的和谐，从而形成全面和谐的局面。

在一个和谐社会，人们能够更好地理解和尊重彼此的情感需求，更好地处理人际关系和社会问题。情绪管理使社会成员能够更

记下你的心得体会

加平和地应对挑战，减少激烈的情绪冲突，有利于社会的和谐与稳定。当个体能够理智地表达自己的情绪，并尊重他人的情绪时，社会便能够形成一种互相理解、宽容和支持的氛围。

组织情绪管理的作用有如下四个方面。

第一，促进组织成员团结。组织情绪管理在组织中起着至关重要的作用。首先，组织情绪管理的导向性有助于组织成员达成共同的目标，增进彼此之间的了解。通过组织情绪管理，组织能够营造一种积极向上的氛围，使组织成员在追求共同目标时团结协作。此外，组织情绪管理还可以使组织成员在工作过程中保持愉快的心情，减少组织成员之间的摩擦，进一步增强团队凝聚力。

第二，提高组织的工作效率。组织情绪管理对于提高组织的工作效率起着重要的作用。通过有效的组织情绪管理，组织能够帮助组织成员保持稳定而积极的情绪状态。良好和稳定的情绪可以激发组织成员的工作激情和创造力，进而提高组织的工作效率。另外，组织情绪管理还能够促进团队成员之间的协作和配合，共同应对工作中的挑战。组织成员之间良好的合作关系和高效沟通也是提高组织工作效率的关键因素。

第三，有利于推进组织文化建设。组织情绪管理对于推进组织文化建设具有积极的影响。对每个组织来说，组织成员的情绪都是组织文化不可或缺的一部分。有效的组织情绪管理可以帮助组织成员更好地理解组织目标，促进他们对组织价值观和文化的认同。同时，组织情绪管理还能够培养积极向上的工作氛围，鼓励组织成员发挥个人潜力，增强组织的凝聚力和向心力。通过组织情绪管理，组织可以塑造出积极、健康和具有吸引力的组织文化，为组织成员提供成长和发展的机会。

第四，促进社会经济发展。组织情绪管理不仅对组织内部有积极的影响，而且对整个社会经济体也有重大的推动作用。社会经济体是由不同组织构成的，而组织情绪管理能够提高组织的工作效率。有效的情绪管理可以激发组织成员的工作热情和创新能力，

提高生产力和竞争力，从而推动整个社会的
经济进步。当组织的工作效率得到提高时，
整个社会的工作效率也会提高，进而促进社
会经济发展。同时，情绪管理还能够改善组
织成员的工作满意度和幸福感，提高整体社
会的生活质量。

【小贴士】

情绪管理的作用

个人情绪管理对个体的身心健康、人际关系和谐以及和
谐社会的形成具有重要作用。通过情绪管理，个体能够提高
自己的生活质量，更好地适应环境，建立良好的人际关系，
共同促进社会的发展和进步。

组织情绪管理在促进组织成员团结、提高工作效率、
推进组织文化建设和促进社会经济发展等方面发挥着重要
的作用。通过情绪管理，组织可以塑造积极的情绪氛围，
激发组织成员的工作热情和创造力，实现组织和社会的共
同发展。

情绪管理的方法

在进行个人管理情绪时，首先，个体要了解自己，这一点是非常重要的。个体需要全面了解自己的情绪特点和个性特征，只有这样，在情绪波动时个体才能作出正确的选择。因此，了解自己是个人情绪管理的基础。其次，个体需要正面对待和冷静处理。每个人都会经历情绪波动，当我们遇到负面情绪时，我们应该正确面对，承认自己的负面情绪状态并冷静思考，从第三者的角度审视自己的负面情绪状况，根据自身特点理性处理，寻找合适的管理方法。再次，要合理运用情绪管理方法。同一个人在不同情绪状态下可能需要采用不同的情绪管理方法，而不同的人在相同情绪状态下也可能需要不同的情绪管理方法。因此，选择合理的情绪管理方法是实现个人情绪管理的关键。常用的个人情绪管理方法包括：转移注意力法、运动放松法、理性思考法、森田疗法、音乐疗法，等等。

在管理他人情绪时，首先，要对他人

的情绪状态作出正确的判断。只有对他人的情绪有准确的判断，清楚对方处于哪种情绪状态，我们才能选择适当的情绪管理方法。错误的判断可能导致错误的决策，使他人的情绪状况进一步恶化。其次，要合理地应对他人的情绪。他人的情绪反应可能会影响到我们自己的情绪状态，因此在应对他人情绪时，我们需要保持理性，不让他人的情绪对自己产生过多的影响。在保持良好情绪的基础上，应对和管理他人的情绪，使他人的情绪朝着积极的方向发展，以实现情绪管理的效果。常用的管理他人情绪的方法包括：宽慰、劝说、安抚，等等。

在进行组织情绪管理时，要注意以下四个方面。

第一，合理定位组织情绪管理目标。每个组织都形成于实现一定目标的过程中，不同的组织需要营造不同的组织情绪。组织情绪是企业文化的重要组成部分。因此，每个组织都应该合理定位自己的组织情绪目标，明确组织需要形成何种情绪氛围。合理的组

记下你的心得体会

织情绪目标定位能够为组织提供参考方向，指导组织情绪的管理，同时也能够促进组织目标的实现。

第二，合理评估组织情绪现状。要有效管理组织情绪，需要合理评估组织情绪现状。组织成员是组织的重要基础，而多个组织成员的情绪状态将形成组织的情绪现状。了解组织成员的情绪状况是了解组织情绪现状的关键。只有合理评估组织情绪现状，我们才能清楚现状与目标之间的差距，从而为组织情绪管理提供依据。

第三，调整组织情绪现状。如果组织的情绪现状与组织目标不符，就需要调整组织情绪现状。由于组织由组织成员组成的，所以调整组织情绪仍然要从调整组织成员情绪开始。面对组织情绪现状，管理者需要找出原因，寻找解决问题的方法。如果大多数组织成员都出现情绪波动，那么需要反思组织目标或行为，寻找更符合实际情况的决策。调整组织成员的情绪状态，使组织成员的情绪状态与组织情绪现状保持一致，形成统一的情绪氛围。

第四，持续跟踪情绪管理效果。需要长期跟踪情绪管理效果。由于组织成员的情绪汇总成组织情绪，而组织成员的情绪总是发生变动的，因此人力资源管理部门需要长期跟踪并关注组织成员的情绪状态和情绪管理效果，及时处理出现的新情况，利用情绪管理经验，保证组织情绪处于积极健康的状态。

总之，情绪管理是个人和组织都需要面对和处理的重要问题。在个人情绪管理方面，了解自己、正面对待和合理运用科学的情绪管理方法是关键。在处理他人情绪方面，正确判断他人情绪进而合理应对是必要的。对于组织情绪管理，合理定位目标、评估现状、调整和持续跟踪情绪管理效果是必不可少的步骤。通过有效的情绪管理，我们可以提高个人和组织的情绪状态，拥有更好的工作和生活质量。

记下你的心得体会

【小贴士】

音乐疗法

音乐疗法在临床上的应用较为广泛。音乐疗法在改善临床症状、增强临床疗效，提高患者生活质量方面起到了重要的作用。现代音乐疗法的治疗领域拓宽了许多，不再局限于精神方面的疾病，亦可用于内科、外科、妇科、儿科、骨科、皮肤科、五官科等。在应用形式上，以背景音乐的形式最常见。音乐疗法在缓解患者紧张、焦虑情绪，减轻疼痛方面，疗效尤为显著。

音乐疗法分为主动性音乐治疗和被动性音乐治疗两类。

主动性音乐治疗又称参与式音乐治疗。在治疗过程中，患者直接参与演唱、演奏或音乐表演。通过参与音乐活动，分散患者的注意力，引起患者对音乐的兴趣，调节患者的心境，最终达到康复的目的。主动性音乐治疗是国外精神病院和康复医疗机构的主要治疗方法之一。具体方法有：合唱、独唱和演奏乐器等。

被动性音乐治疗又称感受式音乐治疗，往往通过播放乐曲的旋律、节奏、和声、音色等调节患者中枢神经系统功能，使之逐步协调平衡，摆脱患者焦虑、紧张、恐惧状态，达到治疗作用。在被动性音乐治疗时，要根据患者的疾病种类、情绪状态、欣赏水平和个人爱好，选择合适的音乐。

音乐疗法因人而异。人的性格、爱好、情感、处境不同，对音乐的喜好、选择亦会不同。音乐疗法必须与人的爱好、职业、情绪状态等因素配合，方能起到最佳的治疗效果。

首先，在进行音乐治疗之前，要选择符合患者爱好的音乐。比如，如果患者是一个热爱自然的人，那么可以选择自然音乐，如混合着流水、鸟鸣的音乐，让人仿佛置身于大自然之中，从而使身心得到完全放松。

其次，职业与音乐的选择也有关系。比如，常常在人声鼎沸的环境里工作的员工，最好为其选择没有歌词的轻音乐；而经常在安静的办公室工作的员工，最好为其选择轻松、活泼的流行音乐。

再次，人的情绪状态不同，选择的音乐也应不同。比如，如果个体情绪状态不佳或情绪低落的时候，应该为其选择明快的音乐；当个体处于愤怒或敌对的情绪状态时，则应该为其选择轻松的音乐。

最后，除音乐疗法外，森田疗法也可以帮助个体调节情绪，舒缓心理压力，提高心理素质，积极乐观地面对生活。

小结

1. 情绪管理是对个体和群体的情绪进行控制和调节的过程。

2. 情绪管理按是否有意识，可以分为有意识的情绪管理和无意识的情绪管理；按管理对象，可以分为自身的情绪管理和对他人的情绪管理；按管理的范围，可以分为个人情绪管理及组织情绪管理。

3. 情绪管理有保持身心健康、促进人际关系的和谐以及有利于和谐社会形成的作用。

反思·实践·探究

小王和小华是同桌。小王父母对其要求严厉，每天都会催促小王学习，这导致小王出现睡眠问题，常常做噩梦，精神状态不佳，没有胃口，情绪失控，常常不知道自己为什么发脾气，也很难控制自己的情绪。

小王的内心十分焦虑，他的痛苦无处倾诉，所以总是喜欢找小华倾诉，并且常常把负面情绪传递给小华，导致小华受影响，分散了注意力，错过了上课的内容。

1. 如果你是小华，你该如何帮助小王管理他的情绪呢？

2. 如果你是小华，在小王的情绪对你产生影响的情况下，你该如何管理自己的情绪呢？

负面情绪的认知与管理

【知识导图】

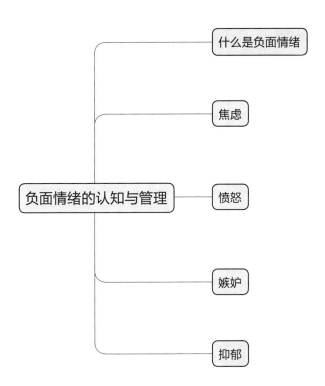

什么是负面情绪

心理学上把焦虑、紧张、愤怒、沮丧、悲伤、痛苦等情绪统称为负面情绪。人们之所以这样称呼这些情绪，是因为这些情绪给个体带来的体验是不积极的，身体也会有不适感，甚至影响工作和生活的顺利进行，进而有可能引起身心的伤害。

心理学家指出，有 15%—20% 的普通人有情绪障碍和心理困扰。当负面情绪得不到有效释放时，人会感到压抑，这种压抑逐渐积累，会形成表情暴力。表情暴力指通过面部表情传达消极、抑郁或焦虑的情绪。表情暴力虽然不会直接伤害到他人，但会对自身产生不利影响。

因此，我们需要充分认识常见的负面情绪，并学管理这些负面情绪，以保持身心健康和积极的生活态度。

焦虑

有个小和尚，每天早上负责清扫寺院里

记下你的心得体会

53

的落叶。清晨起床扫落叶是一件苦差事，尤其秋冬之际，每一次起风，树叶总会随风飞舞落下。因为树叶不停地落下，小和尚每天早上都要花很长时间来清扫，这让他头痛不已。他一直想找个好办法能让自己轻松一些，有个和尚跟他说："你明天打扫之前先用力摇树，把落叶统统摇下来扫干净，后天就可以不用辛苦扫落叶了。"小和尚觉得这是个好办法，于是隔天他起了个大早，使劲地摇树，这样他今天就可以一次把落叶扫干净了。一整天，小和尚都非常开心。第二天，小和尚到院子里一看，不禁傻眼了，院子里和往日一样落叶满地。老和尚走过来，意味深长地对小和尚说："傻孩子，无论你今天怎么用力，明天的落叶还是会飘下来啊！"小和尚终于明白，世上有很多事是无法提前解决的，唯有认真地活在当下，才是最真实的人生态度。

生活中，很多人会像小和尚一样，把大量的时间和精力花在对未来的计划和担忧上。他们不断想象未来的种种情景，试图去控制未来的发展。这种对未来或即将发生的事情感到担忧和不安的情绪，我们将其称为焦虑。

焦虑是人们熟悉的概念。在现实生活中，我们经常听到有人说感到担心、紧张、焦虑等。担心、紧张和焦虑其实就是对个体焦虑情绪状态的一种描述。美国心理学家海德（Fritz Heider）认为，焦虑往往是个体在分析自己和他人的行为并推断行为的内在原因时产生的一种负面情绪。人的大部分情绪困扰和心理问题都来自不合逻辑或不合理的认知。这种不合理的认知会使个体认为将会产生某种不良后果或模糊地意识到一种威胁，进而出现不安、忧虑、烦恼、害怕、紧张等。人之所以会产生这些负面的情绪体验，是因为个体由于不能达到目标或不能克服障碍，致使自尊心与自信心受损，或使失败感和内疚感增加，导致个体紧张、不安、恐惧、烦恼等。

研究表明，人们担心的事情，有 40% 属于过去，50% 属于未来，只有 10% 属于现在。其中，有 92% 的烦恼并不会真的发生，剩下的 8%，大多可以轻松化解。事实证明，大多数的烦恼都是人们想象出来的，人们通过想象不断将烦恼放大、强化，最终成为一种心理负担，并导致对未来的焦虑。

所以，人们完全不应该焦虑吗？答案是否定的。

焦虑，这个看似让人不安、不舒服的情绪，其实是人类生存进化的产物。在古代，人类生活在充满危险和不确定性的环境中，不断面对着猎物和天灾人祸的威胁。人类的祖先正是通过感受焦虑，激发出身体的应激反应，迅速作出反应，才能够生存下来。因此，焦虑其实是一种生存机制，是人类生存的必然结果。

然而，在当今社会，焦虑已经成为一种普遍的负面情绪。人们在工作、学习和生活中，经常会遇到各种各样的挑战和困难，这些挑战和困难往往会让他们感到焦虑和不安。但是，我们需要明白的是，适度的焦虑是有益的。

适度焦虑具有以下益处。

第一，激发人们的内在动力，让人们更加努力去完成任务。当个体感到焦虑时，他的身体会产生一种"肾上腺素"的激素，这种激素可以让个体的身体和脑更加警觉，提高个体的应对能力。在适度焦虑下，个体可以更加专注、高效地完成任务，从而取得更好的成果。

第二，帮助人们更好地应对挫折和失败。当个体面对挑战和困难时，往往会感到焦虑和不安，但是，适度的焦虑可以激发个体的内在动力，让个体更加努力去应对挑战和困难。当个体面对挫折和失败时，适度的焦虑可以让个体更加坚韧、乐观去面对困境，从而更好地应对挫折和失败。

第三，帮助人们更好地应对风险和危机。在面对风险和危机时，适度的焦虑可以让个体更加警觉，从而更好地应对危险和挑战。适度的焦虑可以让个体更加清醒地认识到危险的存在，从而更加谨慎地应对风险和危机，降低个体受危害影响的可能性。

总之，适度的焦虑是积极的，但过度焦虑会让人感到痛苦，且极具破坏性。心理学家指出，我们要把焦虑控制在适当水平，不要给焦虑过多的养料。

记下你的心得体会

最常见的焦虑养料莫过于"反刍"了。有些人喜欢反复回味导致自己一时焦虑的事情，一遍又一遍地"反刍"会加深个体的焦虑，让一时的焦虑产生持续的影响。还有些人喜欢在脑海里幻想恐怖的画面，想象一件事情给自己带来的恐怖感，这同样也会增加个体的焦虑。

逃避也是焦虑的养料。西方有个说法是，从马背上摔下来后，要做的第一件事就是赶紧爬上去。如果因为从马背上摔下来就开始逃避骑马，那么从马背上摔下来这件事就会成为你心中恐怖的记忆，以后只要一提骑马，你就会产生焦虑感。

那么，当他人过度焦虑时，我们该如何帮助他缓解焦虑？

人们过度焦虑，通常是因为他们总是把一些事情看得太过重要或者严重。比如，孩子放学回家晚了，父母就会焦虑不已，坐立不安，担心孩子会发生什么意外。尽管发生意外的概率极低，但父母的脑海中还是忍不住往坏的方向想。如此一想，父母的焦虑感就更强了。我们需要认识到，过度焦虑并

记下你的心得体会

不能解决问题，反而会让问题更加复杂化。

专注于当下是避免过度焦虑的重要技巧。大多数焦虑都来自不良的记忆或对未来的负面想象，当你专注于当下，你就没有时间去"反刍"过去或者担忧未来。问题是，当下是人们最容易忽略的思维死角。人们总是习惯性地忘不掉过去。很多人宁愿活在过去也不肯面对现实。要专注于当下，就必须帮助人们转变思维。让人们认识到，过去的已经过去，未来的尚未发生。

正念是通过有意识地注意、觉察当前事物，不对事物作任何评价的一种自我调节的训练方法。正念有两个基本的特征：第一，正念指向当下的体验，需要人们有意识地专注当下；第二，个体关注当下时，应保持一种开放和接受的态度，即好奇、超然，不作反应和判断。当人们学会以一种不加评判的态度专注于当下时，他们会心态平和。当人们专注于现在，做好手头的工作，科学合理地运用时间，享受生活时，便不会过度思虑未来，担忧还未发生的事情。

除了专注于当下外，人们还可以通过其

他方式缓解焦虑。比如，体育锻炼可以释放身体中的紧张情绪，并且有助于释放脑中的负面情绪。良好的睡眠习惯也可以提高人们的抗压能力，缓解焦虑。此外，人们还可以通过与亲友交流，听音乐，看电影等方式来缓解焦虑。

总之，焦虑是一种常见的负面情绪，适度焦虑是有益的，但过度焦虑会导致身体和心理上的疾病。专注于当下，良好的睡眠习惯和体育锻炼等都可以帮助人们缓解焦虑。正念疗法对缓解抑郁、焦虑症状以及防止抑郁复发，提高个体的情绪调节能力，维持个体情绪稳定性，增强个体主观幸福感，提高个体生活质量等也有重要作用。

愤怒

美国职业拳击手路易斯在擂台上霸气十足，所有对手都惧他三分。但是，生活中，路易斯却不轻易和别人争辩。

有一次，路易斯和朋友一起开车出游。途中，因前方出现意外，他不得不紧急刹车，导致后面车辆和他的车发生了轻微碰撞。

路易斯并没有把这当回事，他想双方协商就好了。然而，后面车辆的司机却怒气冲冲地跳下车，嫌他刹车太急，继而又大骂他驾驶技术有问题，并在他面前挥舞双拳，大有一种要将他一拳击倒的架势。路易斯自始至终都没有因为对方的谩骂而愤怒，而是不断向对方道歉。

朋友不解，问路易斯："那个人如此无理取闹，还在你面前乱挥拳头，你为什么不狠狠揍他一顿？"路易斯认真地说："如果有人侮辱了帕瓦罗蒂，帕瓦罗蒂是否应该为对方高歌一曲呢？"

在生活中，人们经常会与他人发生一些小摩擦，有时候，这些小摩擦甚至会演变成一场恶斗。路易斯是一名非常优秀的拳击手，他在面对别人的挑衅时，保持冷静和优雅而不是愤怒，最终平息了一场可能的恶斗。人们应该学习路易斯的胸怀，学会控制自己的情绪和愤怒，以更好地处理人际关系。

什么是愤怒呢？

记下你的心得体会

愤怒是由自主神经系统形成的具有自我保护意识的应激反射行为，是机体处于不安的环境时激发出来的恐惧意识和防卫反应或警告行为。比如，因领地受到侵袭而陷入不安和恐惧的动物，通常会以愤怒的咆哮来警告侵袭者，如果侵袭者没有被吓退，那么机体将作出防卫反应，进行攻击。人类的愤怒行为要比动物的愤怒行为复杂一点，在继承了远祖情绪行为基础上，人类的愤怒行为应激范围更大一些。在得到生存保障的基础上，人类将自尊等感情加入进来，当个体的自尊诉求没有得到满足时，愤怒就产生了。情绪是由独特的主观体验、外部表现和生理唤醒三种成分组成。愤怒作为一种基本情绪也不例外。在主观体验上，愤怒表现的强度不同，从轻微到剧烈。愤怒的外部表现主要有：面部表情、肢体语言和一些攻击性行为。面部表情和肢体语言包括：脸红，眉毛向内收缩和下垂，注意力集中在一个目标上，鼻孔张开，下巴收紧。这个愤怒的表情模式是天生的，甚至在刚刚会走路的小孩身上就可以看到。当一个人有意识地选择通过行动制止外在威胁时，无论是动物还是人，都会做出有攻击性的行为，例如，发出巨大的声音，使自己看起来更大（怒发冲冠），露出牙齿，怒目而视等。

愤怒情绪普遍存在于人类社会，每个人既可以将愤怒向外发泄，也可以将愤怒向内发泄。愤怒是一种基本情绪，具有适应的意义，但过度愤怒会破坏个体的身心健康和人际关系，影响问题解决等。总体看来，愤怒作为一种负面情绪，会导致以下三个负面效果：在心理健康上，愤怒与一些心理问题或心理障碍（如抑郁症、焦虑症等）存在普遍的联系；在外显行为上，愤怒可引起暴力、攻击等行为问题；在生理反应上，愤怒会引起心血管方面的变化，导致躯体方面的疾病。

为什么有些人很容易动怒，有些人不轻易动怒？

一方面，当生存没有得到保障的时候，个体会变得特别具有攻击性。个体没法承受生存的压力，遇到障碍时会转身逃跑，转而攻击比他弱小的个体。愤怒会降低人类的理性思维能力，促使人类采取冲动和不理智的行为。愤怒的后果是把形势推向更危险的边缘，因此容易愤怒的人会很快走向绝望的边缘。另一方面，不轻易动怒的人，自尊水平通常比较高，不会轻易被外因左右自己的情绪。因此，不轻易动怒的人的理性思维处于优秀水平，这种理性思维又能让个体获得更多的回报，形成良好的正向激励，因此，更不轻易发怒了。

我们该如何帮助他人化解愤怒情绪呢？

认知行为疗法是众多的心理治疗方法中几乎公认的对治疗情绪障碍最有效的心理治疗方法。认知行为疗法认为，个体对外部事件的想法、解释和自我陈述影响个体的情绪和行为功能。个体的情绪困扰源于个体对实际情境或事件的歪曲或错误解释。高愤怒特质的个体会更多地选择责备对方，更容易将他人看作是敌对的一方。因而，面对同一件事情，高愤怒特质的个体比低愤怒特质的个体更容易作出愤怒反应。

当今社会，人们的压力越来越大，愤怒情绪也越来越普遍。如何帮助他人化解愤怒情绪，保持心理平衡，变得更加理智？这

记下你的心得体会

64

是情绪管理师必须面对和解决的一个重要问题。接下来，我们将从以下四个方面简要探讨化解愤怒情绪，达到心理平衡的方法。

第一，帮助他人了解愤怒情绪的触发点。首先，你要向他人介绍愤怒产生的原因并帮他分析。你可以让他问自己，我的愤怒情绪从何而来？要请他人关注那些导致他愤怒的事情、想法和感觉。这会帮助他人在未来识别特定的愤怒情绪的触发点。让他人知道，他的愤怒情绪实际上是想要告诉他一些信息，请他人尝试聆听愤怒想表达的内容。

第二，帮助他人回归平静。当他人理解并且接纳愤怒的存在时，他也就减少了愤怒带来的破坏性。可以建议他人尝试通过散步、深呼吸、放松身体等方式，或者通过做一些自己喜欢的事情的方式来缓和情绪，回归平静。平静后再来处理愤怒背后的根源。

第三，帮助他人认识愤怒背后发生的事情。一旦他人确定了触发愤怒的因素，你就能帮助他人找到愤怒背后深层次的情绪根源，处理深层次的情绪问题才是解决他人愤怒的关键。比如，如果让他人愤怒的是嫉妒，那么他人需要靠克服不安全感来平息心中的怒火。

第四，帮助他人学会表达愤怒背后的诉求。愤怒是一种基本情绪，目的在于保护个体自身的利益。通过了解自己的愤怒，找到愤怒背后的诉求并且合理表达，有利于个人成长，增进人际关系和谐。

总之，愤怒情绪是人们生活中不可避免的一部分，化解愤怒情绪，达到心理平衡，是每个人都要面对和解决的问题。

【小贴士】

深呼吸技巧

所谓深呼吸，就是胸腹式呼吸联合进行的呼吸，可以排出肺内残余气体以及其他代谢物，吸入更多新鲜的空气，供给各脏器所需的氧分，提高或改善脏器功能。深呼吸能使人的胸部、腹部的相关肌肉和器官得到较大幅度的运动，能让个体吸进较多氧气，吐出较多二氧化碳，加强血液循环，对于解除疲惫、放松情绪都是有益的。

深呼吸是自我放松的最好方法，包括深呼吸、瑜伽、冥想等许多活动。深呼吸不仅能促进人体与外界交换氧气，还能使人心跳减缓，血压降低。深呼吸能转移人在压抑环境中的注意力，提高自我意识。当人们知道自己能够通过深呼吸的技巧来保持镇静时，他就能够重新控制情感，缓解焦虑情绪。

深呼吸的技巧：

1. 坐在一个没有扶手的椅子上，两脚平放，并使大腿与地板平行。将背部伸直，手放在大腿前部。

2. 用鼻子进行自然的深呼吸，腹部扩张，想象空气充满整个腹部。

3. 在连续的深呼吸中，完全扩张胸部和肺部，感觉胸部正缓慢上升。想象空气正在腹部和胸部间向各个方向扩张。

4. 通过鼻子缓慢地呼气，呼出时间比吸入时间长。

5. 呼吸至少一分钟，保持节奏舒缓，不要强求自己。注意呼吸的深度和完全程度，并使身体放松。

嫉妒

　　小胡是一名公务员，一直过着安分守己的稳定日子。一天，他去参加高中同学聚会。同学们十几年没见，小胡乘兴而去。去了后才发现，很多经商的老同学都住豪宅、开名车，一副事业有成的样子。回到单位后，小胡好像变了个人，整天长吁短叹，逢人便倾诉心中的烦恼："那小子，考试就没有及格过，凭什么有那么多钱？""虽然我们的薪水不能跟富豪比，但过得不也挺好吗？"同事安慰他说。"很好？我的工资一辈子也买不起一辆宝马，我们这些坐办公室的，有钱也用不着买豪车啊。"小胡抱怨说。小胡的同事倒看得很开，可小胡却整天郁郁寡欢，后来竟患了重病，终日卧床不起。

　　公务员工作稳定，这一点无须赘言，可故事中的小胡，既想拥有稳定的工作，又想和经商的同学一样有钱，犯了攀比的毛病，最终引发嫉妒情绪，并导致心身疾病，这也就在所难免了。

　　攀比是人类的一种本能，这种本能是人

天生具备的。人总是在和别人比较，比较自己的成就、地位、财富等。在某些程度上，攀比可以激发个体的进取心，让个体更加努力地追求自己的目标。但是，过度攀比却会给个体带来负面的影响，让人产生嫉妒心理，甚至会导致心理疾病。

嫉妒是一种负面情绪，指人为获得一定的权益，对幸运者或潜在的幸运者怀有冷漠、贬低、排斥甚至敌视的一种心理状态。首先，嫉妒是一种负面情绪，它是消极的，表现为诸如憎恨、不满、不服气、不愉快等情绪情感体验，有时还表现为嫉妒行为。其次，嫉妒是在与他人的认知比较中产生的，即当他人优越于自己而自己想超越他人时产生。比较和差异是嫉妒的前提条件。

嫉妒别人的人总是感觉自己不够好，不够优秀，所以他们会时刻关注别人的成就和动态，试图将别人作为自己的标杆。如果别人比他们成功，比他们有钱，比他们更受欢迎，他们就会感到失落和羡慕。嫉妒是一种不良的心理状态，一般来说，成年人不会明显表现出嫉妒来，而是以内心煎熬的方式默

記下你的心得体会

默承受嫉妒带来的痛苦。长期处于嫉妒状态，容易使个体的身心受到伤害。心理学研究发现，嫉妒心强烈的人易患心脏病，死亡率也高；而嫉妒心弱的人，心脏病的发病率和死亡率明显更低，只有嫉妒心强的人的 1/3—1/2。此外，如头痛、胃痛、高血压等，易发生于嫉妒心强的人身上，并且药物治疗的效果也较差。

情绪管理师该如何帮助他人克服自己的嫉妒呢？

天堂与地狱只有一步之遥，竞争与嫉妒也只有一线之隔，区别在于是否将对方的失败看作个人成功的条件。以赛跑为例，竞争表现为自我激励，试图赶超对方，而嫉妒则表现为希望对手被绊倒以消除竞争。

第一，克服嫉妒的最好方法是将嫉妒升华。换句话说，我们要帮助他人将嫉妒转化为奋发向上、赶超他人的动力。嫉妒的好处就是它能催人上进。恰到好处的嫉妒可以转化为一种理想或抱负。因此，不要让嫉妒之火消耗人生的能量。相反，要学会借嫉妒之力来增强自己的力量。知耻近乎勇，认清自己的不足，努力弥补，才是正确而积极的人生态度。有嫉妒别人的时间，还不如多向别人学习，看看自己到底哪里做得还不够好。想办法改变自己的现状，嫉妒才会变成动力。一个意志坚强、充满自信的人不会被嫉妒冲昏头脑，他们只会选择努力赶超。那些不能将嫉妒转化成动力的人，就是在拿别人的成绩来惩罚自己。

第二，学会接受自己的不完美。很多时候，人都在追求完美，但世间没有人是完美的。伟大和平庸的区别在于，能够正视并接受自己的不完美，充分发挥自己的优势。

历史上，很多先天有缺陷的人，最后凭借自己的努力成就了一番事业。梵高常年受情绪困扰，但他在艺术上的成就却是超凡的；爱因斯坦曾遇到学习障碍，但他在科学上的成就有目共睹。每个人都有别人比不了的优点。那些总喜欢拿自己的缺点去跟别人的优点比的人，才会产生嫉妒心。如果他人学会用自己的优点去跟别人的缺点比，拥有一种比上不足、比下有余的心态，那么人生就会少很多烦恼，嫉妒心也不会那么强烈了。

记下你的心得体会

第三，珍惜现在所拥有的。世间最珍贵的不是得不到，也不是已失去，而是把握现在的幸福。我们可以告诉他人，当你嫉妒别人的财富时，不妨想想自己拥有的健康；当你嫉妒别人的才华时，不妨想想自己拥有的家庭。不要因为失去而懊恼，也不要因为得不到而妒火中烧。想想自己已经拥有的，比如，幸福的家庭、可爱的孩子等，你就会拥有满足感。总是抱怨的人，体会不到自己已经拥有的幸福。当你抱怨父母不理解自己时，你就体会不到父母还健在的幸福；当你抱怨孩子淘气顽皮时，你就体会不到拥有一个健康活泼的孩子多么幸福；当你觉得自己的爱人不如别人时，你就体会不到一个人把一生的幸福都交给自己是一种怎样的信任。

抑郁

娜娜（化名），女，某中专院校学生，长头发，小眼睛，身材修长，是一个活泼开朗、能言善辩的女孩子。

记下你的心得体会

娜娜家庭条件优越，父母都是自主创业者，从小就过着衣食无忧的生活。由于父母工作比较忙，从小就把娜娜送到乡下的外婆家抚养，直到娜娜上中学时外婆病逝，才回到城里和父母一起生活。娜娜的父母因为从小没能很好地照顾她，感到有些愧疚。娜娜回到家后，父母格外呵护她。娜娜过着"小公主"一般的生活。由于父母疏于管教，娜娜的学习成绩不是很好，初中毕业后，去某中专院校读书。

在中专院校读书的第一学期，娜娜参加了学校和系里各类学生干部、干事的竞选，结果都失败了。面对如此沉重的打击，一向好胜的娜娜陷入了自我否定的泥潭。娜娜性格争强好胜，在寝室里喜欢与人争辩，又很少忍让。长此以往，寝室的同学都不敢"惹"她，人际关系也开始出现危机，总怀疑别人在议论她，对每个室友都充满了敌意。每次看到别人高兴地在一起玩或学习时，娜娜的内心充满了孤独感。晚上娜娜常常做噩梦，睡眠出现问题，精神状态不佳；没有胃口，常常不知道自己为什么发脾气，也很难控制自己的消极情绪，最终变成了同学中的"另类女孩"。娜娜很痛苦，也努力尝试过改变自己，但坚持不下来。精神萎靡，对生活缺乏热情，自我否定几乎表现在她生活的所有方面，甚至陷入自闭的状态。

在初三的时候娜娜就谈恋爱了，男朋友和她是同班同学，这样的美好时光一直持续到初中毕业，他们各自去读了自己的学校。虽然分隔两地，但一直有联系，也一直保持着恋人的关系。这样的生活一直持续到第二学期。一天中午，娜娜在睡觉，突然手机响了，打开一看是她男朋友发来的信息，上面写着"我们分手吧！"娜娜打电话过去，得到同样的结果。躺在床上的娜娜，越想越觉得委屈，她不能接受分手的结局，感到空前的绝望和无助，感到活得没有面子，不知道生活下去还有什么意义。娜娜想到了死，她想用一种最不痛苦的方式来结束她的生命，于是她想服安眠药自杀。跑了几家不怎么正式的药店，娜娜终于买到了二十多片安眠药，回到寝室后，她一口气把药吃下去，躺

74

在床上睡了过去，直到她寝室的同学回来和她说话，发现她不理，才发现事情不对。娜娜的同学立即把娜娜送到了医院，经过洗胃和抢救才脱离了危险。

上述案例中，娜娜陷入了抑郁状态，最终采取了自杀行为。抑郁是人类心理失调主要和经常出现的问题之一，是每个个体在其生命历程中或多或少都感受到的一种负面情绪。抑郁的英文 depression 起源于拉丁文 deprimere，意指"下压"。美国当代心理学家安哥德（A. Angold）对抑郁作了如下描述：（1）抑郁为正常心境向情绪低落方面，即情绪恶劣的方面波动；（2）抑郁为不愉快、悲伤或精神痛苦，是对一些不良情景或事件的一种反应；（3）抑郁作为一种特征，指个体持久的、相对稳定的愉快感的缺乏；（4）抑郁作为一种症状，指心境处于病理性的低下或恶劣状态。

抑郁是一种较为常见的消极情绪状态，是个体感到无力应对外界压力时产生的消极情绪，对个体的心理调适具有阻碍作用。抑郁会影响个体的日常行为和生活的积极性，长期存在的抑郁倾向作为一种消极情绪反应，会严重损害人们的身心健康，降低人们的生活质量，对人们生活的适应性有不良影响。抑郁对人们的伤害是全面的。

从认识上来看，抑郁症患者的自我评价比较低，而且抑郁症患者的自卑中总是隐含着追求目标或标准太高的倾向，这种目标或标准实际上是超出个体能力范围的，是个体自我估计过高。除了自我评价较低，抑郁症患者常常伴有自卑、自责，甚至罪恶感等负面情绪，他们越是自卑、自责，想法越消极。从情绪上看，抑郁症患者轻则沮丧、悲伤，情绪低落，整日忧心忡忡、愁眉不展，重则忧郁沮丧、悲观绝望，以致感到生活或生命本身没有意义，常有自杀的念头。从行为上看，抑郁症患者悲观羞怯、烦躁不安，丧失学习和工作的兴趣及动力，拒绝与人交往，入睡困难，早醒或嗜睡，终日精神运动性激越或疲惫，反应迟钝，乏力或精神衰竭。从思维方式上看，抑郁使人形成极端的思维模式，认为自己是彻底的失败者。

在日常生活中，大多数人都体验过抑郁这种消极情绪，只不过随着时间的推移，慢慢也就消失了。少数人因为性格内向、孤僻，自尊心过强，多疑，承受能力低等多方面原因，会长期陷入抑郁状态，并逐渐发展成为抑郁症，甚至自杀。

抑郁症可以分为急性与慢性两种。急性抑郁症容易识别和诊断，慢性抑郁症症状较轻，持续时间较久。由于人们缺乏对慢性抑郁症症状的认识，不太容易识别，隐蔽性较强。由于慢性抑郁症不容易被确诊，导致个体无法尽早接受治疗，会渐渐损害个体生活的信心与学习能力，并以各种方式给个体的学习、生活和人际交往带来困扰。严重的是，由于慢性抑郁症患者为人处世消沉、冷漠，行为异常，其症状常常被亲人和朋友误解，由此导致恢复缓慢，给个体带来更大的精神痛苦，甚至导致病情严重。

我们如何缓解抑郁情绪呢？

抑郁作为一种负面情绪，并不可怕。即使得了抑郁症，这也是一种预后良好的疾病，不会影响智力及身体发育。只要积极治

记下你的心得体会

疗，绝大多数抑郁症患者的病情都可得到改善，患者治愈后可以正常生活和工作。常见的缓解抑郁情绪的方法有：精神分析疗法、认知疗法、行为疗法、认知—行为疗法、森田疗法和家庭治疗等。

第一，精神分析疗法。精神分析理论认为，压抑和冲突是抑郁产生的主要原因，抑郁症患者遭遇挫折后，不是采取积极的应对方式，而是采取不抵抗的被动应对方式，导致心境退缩到抑郁的境地。此外，一般来说，抑郁症患者对自己的要求超出实际，始终受"超我"的约束，"本我""自我"严重失调，从而导致抑郁。弗洛伊德认为，抑郁是对丧失的反应，是个体遭遇丧失后把自己的敌意、依赖性等矛盾情绪从已丧失的对象转向内部自我，导致严重的甚至是非理性的自我批评和自我惩罚之后出现的。抑郁的精神分析疗法是根据这一理论，应用精神分析技术对抑郁症患者进行治疗的系统方法，包括：自由联想、释梦、阻抗、移情、解释等。

第二，认知疗法。抑郁通常是由个体

记下你的心得体会

78

不合理的认知导致的，不合理的认知易导致个体产生不合理的情绪与行为。抑郁症患者的认知通常过度偏离客观事实，思想中充满了主观愿望和绝对化要求。如果个体的主观愿望和绝对化要求得不到满足，则个体痛苦不已，难以适从。抑郁症患者不能全面评价周围事物和他人导致"超概括化"认知倾向，易出现愤怒与敌意；抑郁症患者夸大负面信息，产生严重的悲观情绪。认知疗法针对抑郁症患者的认知特点，帮助其用理性认知代替非理性认知，区分主观愿望与客观现实，避免泛化自己的体验，全面认识事物从而达到合理认知。由此消除抑郁症患者由不合理认知导致的悲观失望的心理体验，促进其努力适应现实生活。认知疗法主要强调认知在行为与情绪发生、发展中的重要作用，如理性情绪行为疗法、现实疗法等。

第三，行为疗法。抑郁这种负性的内在心理体验如果长久持续作用于个体，会导致个体种种适应不良的外在行为表现，影响生活的各个层面及个体健康正常地成长。从外在行为入手进行治疗也是常用的一种治疗方法。行为疗法的理论假设是：适应行为与不适应行为都是习得的，个体可以通过学习适应行为从而消除不适应行为。行为治疗技术主要包括角色扮演与自信训练。角色扮演是通过扮演角色来感受自身不适宜之处，同时习得适宜的行为方式，咨询师作一定的指导与鼓励强化。自信训练是帮助患者学会正确地与他人交往，适当地表达自身的情感体验，培养强化自身良好的内在体验。外在与内在是相互影响的，通过这种外在行为表现的学习训练，使个体形成正确的应对方式与适应性行为，内在积极的情感体验也得到培养，从而有效地摆脱抑郁困扰，进而适应现实。行为治疗的常用方法主要包括自信训练、角色扮演、强化疗法、放松疗法等。

第四，认知行为疗法就是通过认知和行为技术来改变病人的不良认知，修正其认知过程和目标，进而改变他们的情绪和行为，促使其形成良好的有益于健康的行为。经过临床心理学家的多年实践与努力，认知行为疗法得到了很大的发展，并已充分证实了其治疗抑郁症的效用。抑郁的归因训练是在归因理论的基础上建立的一种认知行为疗法，它的基本原理就是从消极归因方式这个认知的层面入手，通过一系列认知行为的方法建立积极的归因方式，促进情绪和行为的改变，打破抑郁的恶性循环，并通过改进对良性事件的积极归因，引导患者走向良性循环。它的出现为抑郁的治疗提供了又一条新的方法和思路，具有十分重要的意义。归因训练主要有三种形式，分别由三种理论指导，塞利格曼（Martin Seligman）的习得性无助理论，班杜拉（Albert Bandura）的自我效能说及动机情绪归因理论，后两者主要应用在成就动机方面。目前对于归因训练的研究主要是针对后两者，集中在教育心理学领域。抑郁的归因训练主要就是促使患者对成功和失败的消极归因方式转变为期望的归因方式，从而使无望感消失，出现希望感，并带动行为的改变，达到治疗抑郁的目的。抑郁的归因训练主要适用于以抑郁情绪为主要表现，尤其是具有消极归因方式的抑

记下你的心得体会

郁者。此外，归因训练也可用于辅助自杀干预。抑郁的归因训练可以是个体治疗，也可以应用团体训练的形式。归因改变的途径包括：促进患者对自己归因方式的认识，归因方式的重建和领悟。方法既包括认知行为技术，也包括情绪的技术，如角色扮演、自我指导、正性事件强化、放松训练、想象、情绪稳定训练、书写和身体练习、音乐治疗等。

第五，森田疗法。抑郁这种负面的情绪体验往往是由一定的负性事件引起，而个体正是因为过分夸大导致抑郁的负性事件对自身的负面影响，且长久无法释怀，才导致抑郁。森田疗法倡导顺其自然、为所当为，把精力投入到生活中有确定意义的能够见成效的事物中去，把注意力指向外部，从而减轻负性事件导致的内在压力，以此来克服抑郁等负面情绪。

第六，家庭治疗。家庭治疗是将家庭作为一个整体，针对家庭进行的心理治疗方法。通过与家庭中全体成员有规律地接触和交谈，促使家庭发生变化，通过家庭成员影响抑郁症患者，使之减轻或消除症状。尽管家庭疗法有利也有弊，影响疗效的因素也很多，但家庭疗法对抑郁的恢复有十分重要的作用。研究表明，家庭疗法可在父母和孩子间重建信任，缓解家庭冲突，有效减轻个体的抑郁症状。

【知识卡】

抑郁的界定

抑郁既是一种低落的情绪状态，又是一种严重的情感障碍，既属于心理学的研究范畴，又属于精神病学的研究热点。心理学和精神病学这两个领域在研究抑郁时各有各的研究体系。在心理学中，抑郁被视作抑郁倾向或抑郁情绪。心理学研究者运用"抑郁自评量表"对抑郁倾向或抑郁情绪进行评估，但在确定抑郁倾向或抑郁情绪的严重程度时存在不同的意见。一部分心理学研究者认为，"抑郁自评量表"高分者即严重抑郁者；另一部分心理学研究者认为，只有符合临床诊断的人才能被界定为严重抑郁者，而"抑郁自评量表"高分者只是有抑郁倾向或抑郁情绪的人。心理学研究者在对抑郁进行诊断和分类时，往往要求助于精神病学。

在精神病学中，抑郁被视为一种情感障碍，并根据通用的诊断标准对其进行诊断。常用的诊断标准有美国精神医学学会《精神障碍诊断与统计手册（第 5 版）》（*The Diagnostic and Statistical Manual of Mental Disorders, Fifth Edition*，简称 DSM-5）、世界卫生组织编写的《国际疾病分类第十一次修订本》（*International Classification of Diseases 11th Revision*，简称 ICD-11）和中华人民共和国国家卫生健康委员会办公厅组织编写的《精神障碍诊疗规范（2020 年版）》。

小结

1. 心理学上把焦虑、愤怒、嫉妒、抑郁等情绪统称为负面情绪。

2. 焦虑是一种常见的负面情绪，适度焦虑是有益的，但过度焦虑会导致身体和心理上的疾病。

3. 愤怒是由自主神经系统形成的具有自我保护意识的应激反射行为，是机体处于不安的环境时激发出来的恐惧意识和防卫反应或警告行为。

4. 嫉妒是一种负面情绪，指人为获得一定的权益，对幸运者或潜在的幸运者怀有冷漠、贬低、排斥甚至敌视的一种心理状态。

5. 抑郁是一种较为常见的消极情绪状态，是个体感到无力应对外界压力时产生的消极情绪，对个体的心理调适具有阻碍作用。

反思·实践·探究

王某自述，最近2周一想到即将到来的大学英语四级考试就心情烦躁，上课时注意力无法集中。王某以前学习一直很好，是班里的尖子生，到大学后成绩也还不错，可不知为什么，大学英语四级考试就是考不过。王某声称，他已经考了两次了，两次都没通过，那些平时成绩不如他的同学都已经考过。王某谈到，在上一次大学英语四级考试时，因为他非常紧张，导致题目都没有做完，结果没有发挥出自己应有的水平，又没通过。现在，王某一看英语书，注意力就无法集中，越想看越看不下去。王某认为，如果大学英语四级考试再不通过，他就完了，明年就大四了，大学英语四级考试没通过，肯定就找不到工作了，那可怎么办，他的爸妈一定会对他失望透了。

1. 王某出现了哪种负面情绪？结合案例谈谈你对这种负面情绪的看法。

2. 如果王某向你求助，你该如何帮助他摆脱这种负面情绪？

今年28岁的高某是一名普通工人。某天，高某骑着电动车准备去祭祖扫墓。出门没多久，在某村后的水泥路上，高某被堆在路上的水泥"拦了路"。原来，附近正在施工，水泥临时堆放在路上。

说是"拦了路"，其实高某稍微避让或者绕行一下也能通过了，并不是什么大事。可性情急躁的他，却和正在道路上施工的崔某争执了起来。三言两语后，高某推搡了崔某，矛盾升级为肢体冲突。之后，高某将崔某打倒在地，致使对方受伤。接到群众报警后，当地派出所民警迅速抵达，将崔某送到医院检查治疗，并依法将高某带回派出所接受调查。事后高某非常后悔没能控制好自己的情绪。

1. 你认为高某的行为受哪种负面情绪的影响？谈谈你对这种情绪的看法。

2. 如果高某向你求助，你该如何帮助他摆脱这种负面情绪？

缓解情绪压力的法则

情绪与社会交往

【知识导图】

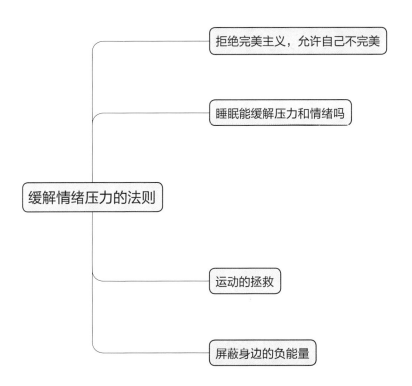

拒绝完美主义，允许自己不完美

睡眠能缓解压力和情绪吗

缓解情绪压力的法则

运动的拯救

屏蔽身边的负能量

拒绝完美主义，允许自己不完美

从前有一个人，他在海滩上漫步，享受着海风和海浪的美妙声音。在海滩上，他看到了许多贝壳，他开始捡起它们，看看是否有珍珠。

他捡了一个又一个，但每个贝壳里的珍珠都有一些小瑕疵，所以他不停地将它们扔掉。他一直这样捡，捡了整整一个下午，还是没有找到他心目中完美的珍珠。

正当他准备放弃时，他看到了一个特别大而美丽的贝壳。他打开它，发现里面有一颗硕大而美丽的珍珠。但是，珍珠上有一个小小的斑点，他心想，要是没有这个斑点，那这颗珍珠就完美了。

于是，他决定刮掉这个斑点，他拿起一把刀子，开始小心地刮珍珠。他刮了一层，斑点依旧存在，他又狠心刮去一层，斑点还是存在。他不断地刮下去，直到最后斑点消失了，但是珍珠也不存在了。

这个故事告诉我们，追求完美有时候会

让人们失去珍贵的东西。完美并不存在于现实生活中，每个人和每件事都会有一些瑕疵和缺陷。我们应该学会欣赏和珍惜身边的一切不完美，包括自己和他人。同时，我们也要学会接受和容忍别人的缺点和不足，不要因为一点点小瑕疵就轻易放弃或伤害别人。

完美主义者对自己或他人要求苛刻。认知行为理论发展了"临床完美主义"的概念，认为临床完美主义是指至少在一个领域，自我评价过度依赖个体努力追求和努力达到的自我强加的极高标准，而不顾消极后果，甚至当个体无法达到提出的高标准，导致消极情绪后果时也不放弃高标准。完美主义具有四个核心特征：自我强加的高标准、自我评价过于依赖成功和成就、较高的自我批评和恐惧失败。

完美主义始于"对卓越的健康追求"，是健康心理素质的重要方面，长期以来，心理学一直把塑造完美人格作为心理健康的标准之一。然而，当个体过度追求高标准而不顾高标准带来的严重的消极后果时，就出现了临床完美主义。临床完美主义会导致情绪

（如抑郁）、社会（如社会隔离）、身体（如失眠）、认知（如注意损伤）或行为（如反复检查，反复考虑）等方面的问题，对健康人格十分不利。研究发现，临床完美主义与心理病理学密切相关，对维持某种心理病理状态起重要作用，是厌食症和贪食症发展的特定风险因子，也是强迫型人格障碍的核心成分。许多研究表明，完美主义会阻碍抑郁、自杀、社交焦虑和社交恐怖、强迫症、人格障碍、创伤后应激障碍、饮食障碍、身体障碍、精神病等心理障碍的成功治疗。

在当今社会，人人都希望取得成功。然而，过度追求完美会给个体带来很多压力、焦虑和挫败感，这些负面的情绪会阻碍人们成长和前进的脚步。因此，接受自己的不完美和错误，放下对完美的追求，能让人们更加自信和轻松，也能让人们更容易学习和成长。

我们要明白，绝对的完美是不存在的。人天生就有缺点和不足，这是不可避免的。但是，人可以通过努力不断提高自己的能力和表现。如果一个人过于追求完美，就会忽略自己的进步和成就，并将自己置于过高的要求下。在这种情况下，一个人会感到很大的压力和焦虑，进而影响他的学习和生活。

学会拒绝完美也能够帮助个体更好地与他人相处。人际关系是日常生活中非常重要的一部分，而完美主义者往往会因为他人的缺点和不足而产生不满和抱怨。如果能够接受他人的缺点和不足，个体就能更好地理解和包容他人，建立更好的人际关系。这样，个体就能够更好地融入社会，更好地适应周围的环境。

此外，拒绝完美还有助于个体更好地享受生活。生活中有很多美好的事情，但是如果个体过于追求完美，就会忽略这些美好的事情，并将自己置于过高的要求下。这样，人们就不能真正地享受生活，而只会感到焦虑和不满。如果他们能够接受自己的不足和不完美，就能够更好地欣赏生活中的美好，更好地享受生活。

我们该如何帮助他人走出完美主义的怪圈？

记下你的心得体会

没有完美的人，只有完整的人，缺点就是优点，要接纳全部的自己。每个人都是多面的，正如硬币有正反两面，每个人既有优点又有缺点，不存在只有优点没有缺点的人。每个人都是独特的，一沙一世界，一叶一菩提，世界上没有两片相同的叶子，各种各样不同的人构成了丰富多彩的世界。世界原本就是由不同的物质组成，强弱互换、虚实相生、阴阳相伴，这种多样性才是世界最真实的样子。一个不完美的人生，才是真实的人生。

此外，一个人的缺点，恰恰代表了他的独特性。只有接纳了这些缺点，认为现在的自己虽然有缺点，但是仍然是很好的，你才会有动力成为更好的自己。

比如，很多人会有类似的感受，自己喜欢一个人，既喜欢他的优点，也喜欢他的缺点。在你眼中，他的缺点让你觉得他特别可爱。你爱的是真实的他，是一个既有优点，又有缺点的他，而不是一个完美的他。

你可以想象一下，如果电视里面正在播放马拉松比赛，你在比赛中看到一位胖胖的邻居大妈，虽然年纪大，但她还去参加了马拉松比赛，并完成了马拉松比赛。她不是一个专业的运动员，甚至不一定能取得优秀的成绩，但是她坚持跑了下来。大妈身上的缺点和不足，更凸显了她坚持的可贵。不完美不应该成为你前进路上的绊脚石，你的不完美也可以成就你。

换句话说，你的不完美是你人生的功课，你只有接纳自己的不完美，才能克服不完美，甚至将不完美转化成你的特长和武器，最终成就你自己。就像非常内向的、不善社交的人扎克伯格，为了克服自己的社交困难，开发了世界上最大的社交软件脸书（Facebook）一样。你要创造性地解决自己的不完美，接纳自己的不完美，而不是每天都想着怎样去改变不完美。当你能够接纳了不完美以后，你的人生一下子变得圆满了，你经历的所有苦难都将是你的财富。我们所有的不完美，都是我们的独特性，也是我们可以依此发展的机会。

完美是什么？完美就是用评判和分别心来看待世界。在你的认知里，你认为有一个

记下你的心得体会

你认为的理想世界。在你心中，你有很多的好与坏，对与错的判断，在你眼中，是非黑白非常清晰。然而，这一切都是缘于你的不接纳。你在评判他人、评判社会，同时，你也在评判自己。

很多影视作品里都有一些类似的桥段，父母一代为了弥补自己出身或能力上的不足，拼尽全力给孩子营造他认为更好的更完美的环境，希望自己孩子比自己更好。然而，到了最后，孩子却成了父母的翻版。究其原因，很多都是因为父母这种强烈的完美主义和控制欲，把孩子逼向了另外一个极端。

比如，在亲子关系里，你只需要做一个60分的妈妈，你要接纳孩子的所有的方面，不要拿他跟别人比较，放下你的评判心。不要把你对自己的完美要求，强加在孩子身上。因为所谓的完美生活和完美世界是岌岌可危的，别人一点点否定，都会让这个所谓的完美生活和完美世界崩塌，个体全盘否定自我，陷入崩溃的人生境地。

在教育孩子的时候，父母不要追求完

美，要允许孩子不完美，同时给孩子一个正向的期待。如果你想当一个 100 分的妈妈，你也想让孩子成为完美的个体，那么你必然会经历多次失望和挫败，最终这种对完美的追求会打败你，打败孩子。

当然，我们要注意，拒绝完美主义也要适度。一定程度的完美能够激发人们的进取心和创造力，帮助他们取得更好的成果。但是，过度追求完美就会让人们过于苛求自己，忽略自己的进步和成就。因此，人们需要在实践中不断尝试和调整自己的心态，找到一个适合自己的完美的平衡点，才能更好地发挥自己的潜力，实现自己的目标。

总之，拒绝完美主义，允许自己不完美，是一种积极的、健康的心态。它不仅有助于减轻个体的压力和焦虑，还能够帮助人们更好地与他人相处，容忍失败和挫折，实现自己的目标和梦想。让人们学会接受自己的不足和不完美，放下对完美的执着追求，以更积极的心态面对生活的挑战，让自己更加自信、轻松，成长为更好的自己。

睡眠能缓解压力和情绪吗

许多研究显示，睡眠是舒缓压力的好方法。一项研究以36名22岁至36岁的学生为调查对象。这些学生在其压力高峰时接受研究者的评估。根据他们处理压力的方式，将他们分成两组。结果发现，倾向以忧虑的方式处理压力者会减少睡眠时间；相反，那些懂得疏导压力者，睡眠时间不但没有减少，反而增加了。研究人员发现，睡眠可以帮助个体舒缓激动、紧张的神经，使人暂时远离压力。

人的一生约有三分之一的时间是在睡眠中度过的，睡眠不是简单的觉醒状态的结束，而是与觉醒状态周期性交替出现，是人类生命活动所必需的生理现象。意志坚定的人可以不吃饭，但是无法做到不睡觉。人体睡眠和觉醒状态的交替与昼夜节律相一致，这种周期性节律变化是人体生物钟的重要功能之一。

目前，人们普遍认为，睡眠是有机体

记下你的心得体会

维持活动的必须过程，是受睡眠觉醒中枢调节的一种静息现象。这种静息现象有以下特点：

第一，不受主观意志控制。睡眠时，人不能行走、谈话、写作等。

第二，以卧姿为主。人入睡时常常躺着，例外的情况很少。如果一个人双手倒立睡觉，我们可以肯定地说，他没睡着。

第三，对刺激的反应减弱。入睡后，人对低强度的声音和触摸等刺激的反应减弱，而清醒时人能立即感觉到同样强度的刺激。

第四，可逆。睡眠与昏迷或死亡不同，人很容易从睡眠中醒来。

睡眠是生命必需的过程，在睡眠中，人的大脑仍处于活动状态。睡眠与人的身心健康关系密切，是反映身心健康的重要指标。

睡眠具有以下基本功能：

第一，睡眠可以帮助有机体恢复体力，消除疲劳，有效适应环境。

第二，睡眠可以保护脑，促进激素分泌

和脑发育。

第三，睡眠可以增强有机体的新陈代谢，有利于身体健康，也有保护皮肤，促进美容的功效。

第四，睡眠可以提高有机体的免疫力。

第五，睡眠可以增强记忆，保证有效的信息加工，提高有机体的认知能力。

第六，睡眠有利于保持良好的情绪。睡一个好觉，醒来就会觉得神清气爽、精神饱满、心情变好。俗话"宁扰醉汉，不扰睡汉"，说的也就是这个道理。

睡眠对于缓解压力，调节情绪确实具有积极的作用。众所周知，当我们感到压力过大或情绪低落时，常常有人建议我们睡一觉来解决问题。这是因为睡眠在缓解压力和调节情绪方面发挥着重要的作用。事实上，睡眠与压力、情绪之间存在着双向影响关系：压力和情绪的变化会导致心理状态的改变，进而影响睡眠，而睡眠的质量又会影响人们的情绪状态和压力水平。

睡眠是健康的基石。我们都有过这样的体验，当我们睡眠不足时，我们可能会感到

记下你的心得体会

疲惫和烦躁。睡眠障碍会加重个体的压力和健康问题，导致诸如抑郁症、心脏疾病和糖尿病等身心疾病。事实上，抑郁症可能导致睡眠质量下降，难以获得深度睡眠且容易惊醒。然而，有时候仅仅睡几夜好觉就足以改善个体的心情。因此，良好的睡眠对人们健康至关重要。

研究表明，即使剥夺部分睡眠也会对情绪产生显著影响。一项由美国宾夕法尼亚大学的研究人员进行的研究发现，如果一个人连续一周每晚仅睡 4.5 小时，那么他会体验到更多愤怒、悲伤的感觉并觉得心力交瘁。然而，当被试恢复正常的睡眠时间后，他报告情绪有了显著的改善。

因此，保持充足的睡眠时间和良好的睡眠质量不仅有助于缓解压力和情绪，还可以提高个体的免疫力，预防疾病。因此，我们应该重视睡眠，确保自己拥有充足且质量良好的睡眠。只有这样，我们才能真正享受到睡眠带来的益处，提升生活质量，保持身心健康。

记下你的心得体会

【知识卡】

睡 眠 障 碍

从生理学的角度看，睡眠障碍实质上是一种睡眠和觉醒的节律紊乱，是个体内部调节睡眠和觉醒的机制出现了异常而引发的不良反应；从心理学的角度看，睡眠障碍实质上是一种情绪障碍，是由情绪失控导致的，紧张、焦虑、抑郁、烦恼等不良情绪占据了人们的心灵世界，使人们的精神始终无法放松，感到焦躁不安，从而滋生出的困扰性睡眠反应。睡眠障碍有多种类型，主要有：失眠障碍、昼夜节律睡眠觉醒障碍、梦游症等。

失眠障碍。在睡眠时间不能安稳入睡或维持睡眠困难统称为失眠，主要表现为：入睡困难、睡眠不深或频繁觉醒、早醒、多梦等，失眠障碍约占睡眠障碍的97.5%，是最常见的睡眠障碍。

昼夜节律睡眠觉醒障碍（睡眠倒错）。个体睡眠觉醒节律与其所处环境的要求和大多数人遵循的节律不一致，在应当睡眠的时段失眠而在应该清醒的时段嗜睡，患者明显感到苦恼和社会功能受损，表现为白天昏昏欲睡而夜间兴奋不眠。

梦游症。患者熟睡后，在主要睡眠周期的前三分之一不由自主地起床在室内走动或到户外走动，做一些无意义的单调运动或习惯性杂事。梦游时患者神志不完全清醒，在有人提问时，可含糊应答，遇到强烈刺激时可以惊醒，但醒后记不得起床进行的活动。

睡眠剥夺

睡眠剥夺源于对持续或连续工作状态导致的睡眠缺失的描述，后逐渐发展成为一个独立的概念。具体来看，睡眠剥夺是指人因环境或自身原因丧失了所需睡眠量的一种过程和状态，一般 24 小时内睡眠时间少于 6—8 小时则认为发生了睡眠剥夺。

世界卫生组织调查显示，全世界大约有27%的人存在睡眠质量问题。睡眠剥夺会造成人的工作记忆、决策判断及任务转换等认知能力和对情绪的处理能力下降。长期睡眠剥夺可引起个体记忆、情绪、免疫功能及体内激素、递质等发生变化，严重可诱发心脏病，甚至导致猝死。

运动的拯救

一位女演员因为参演了一部电视剧，演技没有达到观众的预期，故事结局不尽如人意等原因而被推到了风口浪尖，让她一夜之间变成了被大家声讨的"热门人物"。这位女演员做梦也没想到自己一夜之间就变成了网络世界里的"黑姑娘"。然而，这位女演员并没有沉溺在这些负面信息中，她决定给自己放一个假，通过运动来释放自己的压力。最后，她从网络世界里被全网声讨的"黑姑娘"，变为全民热捧的"马甲线女神"。

在如今这个快节奏的社会中，人们的生活压力越来越大，情绪问题也越来越严重。焦虑、抑郁等负面情绪占据了人们大部分的时间。然而，改善情绪的方法却有很多种，其中运动尤其是有氧运动被普遍认为是最能消除人的负面情绪的方法之一。你知道为什么运动可以改善心情吗？因为人在进行有氧运动的时候，大脑会分泌一种名为多巴胺的物质，这种物质可以改善人的情绪。经常进行有氧运动，人可以保持愉快的心情。

记下你的心得体会

运动可以让人的身心得到充分的放松，消除负面情绪，使人更加积极向上。除此之外，运动还能够改善人的身体健康状况，降低患病风险，提高生活质量。因此，越来越多的人开始重视运动的重要性。

医学研究表明，运动可以媲美振奋情绪的药物，因为它可以刺激身体的内源性激素分泌，如内啡肽、多巴胺等，这些激素能够调节人的情绪，使人感到愉悦和快乐。此外，运动还可以加速身体新陈代谢，增强身体免疫力，改善心血管健康等，从而提高身体素质和免疫能力。

心理学家塞伊曾经说过，一件坏事只有在你情绪低落时才会影响你。而人们在身体状况不佳时，很容易情绪低落。因此，如果你没有好的身体，就无法拥有快乐。运动可以帮助人们保持良好的身体状况，提高身体素质和免疫能力，从而减少患病风险，提高生活质量。

除了有氧运动，还有很多其他类型的运动可以带来类似的效果。比如瑜伽、太极等舒缓型运动可以帮助人们放松身心，舒缓情绪；而羽毛球、足球等快节奏高强度的运动则可以让人们感到愉悦和充满活力。因此，人们可以根据自己的兴趣和身体状况选择适合自己的运动方式。

当然，运动也需要注意一些细节问题。首先，运动前应该进行适当的热身，以防止运动过程中出现受伤等问题。其次，运动时应该注意水分摄入和营养的补充，以维持身体的良好状态。最后，在选择运动场所时，应该选择安全、舒适的场所，避免出现安全问题。

运动对人们的身体和心理健康都有很多好处，但对于没有运动习惯的人来说，开始运动可能会感到有些困难。因此，不要急于求成，不要一上来就做剧烈的运动，而要让自己的身体逐渐适应运动的节奏。

对于初次开始运动的人来说，最好选择轻松的运动方式，比如散步、慢跑、骑自行车等。这些运动可以增强身体的耐力和力量，同时也不会让人感到太过疲惫。当身体逐渐适应了这些轻松的运动后，可以尝试进行一些更具挑战性的运动，如游泳、

记下你的心得体会

慢跑等。

另外，过量运动只会让人感到疲惫，并削弱人对运动的热情。因此，在开始运动之前，需要了解自己的身体状况和运动能力，制订合理的运动计划，并且在运动过程中注意身体的反应，适时调整运动强度和时间，避免过度疲劳和损伤。

总之，运动是一种非常有效的改善情绪的方法。无论是有氧运动还是其他类型的运动，都可以帮助人们消除负面情绪，提高身体健康状况，从而提高生活质量。因此，我们应该帮助他人养成良好的运动习惯，让运动成为生活的一部分。

记下你的心得体会

【知识卡】

运动对大脑的影响

受运动影响最大的神经递质：

多巴胺：一种与学习和快乐相关的神经递质，可调节躯体活动、精神活动、内分泌和觉醒。

血清素：一种与幸福感和记忆力有关的化学物质。

谷氨酸：是中枢神经系统含量最高、分布最广、作用最强的兴奋性神经递质，在学习、记忆和神经可塑性方面发挥作用。

γ-氨基丁酸：哺乳动物神经组织中一种重要的抑制性神经递质，在情绪处理中起作用。

运动改变最多的脑区：

海马：人类等脊椎动物大脑内一个形似海洋生物海马的结构，与形成长时记忆密切相关。

杏仁核：位于前颞叶背内侧部，海马体和侧脑室下角顶端稍前处，与尾状核的末端相连的神经核团，是情绪学习和记忆的重要结构。

额叶：中央沟前的全部脑叶，与个性、决策和思考有关。

屏蔽身边的负能量

小华原本是一个乐观开朗、积极向上的人。他总是充满活力，对生活和工作充满热情。然而，最近他的情绪变得低落，心情也不再像以前那样愉快了。

　　原来，小华的身边有一个同事叫小明，小明总是抱怨生活和工作中的各种事情。每天都会找小华倾诉，让小华听他的牢骚和抱怨。小明的消极情绪逐渐影响了小华，小华开始感受到了压力和疲惫。

　　情绪是人类感知和表达内心状态的一种方式。情绪可以是积极的，如喜悦、满足和兴奋，也可以是消极的，如沮丧、愤怒和焦虑。情绪在人际交往中起着非常重要的作用，不仅能够影响自己的行为和心理状态，还可以传递给他人，影响他人的情绪和行为。

　　情绪的传染性是指当一个人处于某种情绪状态时，这种情绪容易传递给他人，从而影响他人的情绪状态。情绪的传染性可以是积极的，也可以是消极的。比如，当看到一个人微笑时，自己也会感到愉悦和放松，这就是积极的情绪传染性。同样，当看到一个人哭泣时，自己也会感到悲伤和难过，这就是消极的情绪传染性。情绪是通过面部表情、身体语言和语音语调等非语言的方式传递和交流的。

美国心理学家斯梅尔（Gary Smale）通过研究发现，情绪的传染性是非常强的。他发现，当一个人处于某种情绪状态时，他周围的人也会受其影响，表现出类似的情绪状态。这种情绪的传递是无意识的，往往通过非语言交流实现。斯梅尔进一步发现，同情心越强、越敏感的人，越容易感染上坏情绪。这是因为这些人更容易感知和理解他人的情绪，从而更容易被他人的情绪影响。

情绪的传染性不仅存在于人与人之间的交往中，也存在于组织和社会层面。比如，当一个组织的领导者表现出积极的情绪，如乐观、自信和热情，这些积极的情绪会传递给组织中的其他成员，从而提高组织的凝聚力和士气。同样，当社会中大多数人都处于积极的情绪状态时，这种积极的情绪也会传递给其他人，从而促进整个社会的和谐和发展。

然而，情绪的传染性也有其负面影响。当一个组织的领导者处于消极的情绪状态时，这种负面情绪也会传递给组织中的其他成员，从而产生一种"情绪瘟疫"的效应。
这种情况下，人们会受消极情绪的影响，表
现出沮丧、无助和抱怨等行为，从而降低组
织的凝聚力和士气。在生活中，人们经常会
遇到这种情况。比如，在一个工作环境中，
如果有一个员工总是抱怨和埋怨，其他员工
也会受其影响，逐渐失去工作的热情和信心。

我们如何屏蔽身边的负能量呢？

第一，我们需要帮助他人学会观察和
感知身边的氛围和情绪，避免被消极的情绪
所影响。如果人们发现身边的氛围或者情绪
很消极，可以尝试转移话题，或者选择离开
这个场合，以避免被负能量所感染。在生活
中，人们不可避免会遇到一些不如意的事
情，但是他们可以选择用积极乐观的心态去
面对。遇到困难时，他们可以先冷静下来，
不要过度悲观和消极，想想应该如何解决问
题。与此同时，人们也要学会倾听他人的建
议和意见，从中寻找解决问题的方法。经过
一番思考和行动，他们会发现问题并不像自
己想象的那样不可逾越。

第二，选择积极、乐观的交往对象。与

积极、乐观的人交往，可以帮助人们保持积极的心态和健康的身心状态；与消极、抱怨的人交往，往往会让人们感到疲惫和沮丧。与积极乐观的人交往，他们会发现他们的生活态度非常积极向上，这一种生活态度会对他们的生活产生积极的影响。人们可以通过参加一些志愿者活动或者社交活动来扩大自己的社交圈子，结识更多积极乐观的朋友。

第三，通过锻炼身体、保持良好的生活习惯、培养兴趣爱好等方式提高自己的精力水平，从而更好地抵御负能量的侵袭。锻炼身体可以让人保持健康的身体状态和充沛的精力；保持良好的生活习惯可以让人身心健康、精力充沛；培养兴趣爱好可以让人更加愉悦、放松和充满活力。健康的身体和充沛的精力可以让人更好地应对生活中的压力和挑战，从而更好地抵御负能量的侵袭。

除了上述方法，我们还通过改变自己的思维方式来屏蔽身边的负能量。具体来说，我们可以尝试采取一种积极的思维方式，即寻找问题的解决方案和积极地看待事情。这可以帮助人们更好地应对压力和挑战，并保

记下你的心得体会

持积极和健康的身心状态。在面对问题时，尝试找到解决问题的方法，而不是一味地抱怨和埋怨。当遇到困难时，可以尝试从中寻找机会，挑战自己，从而更好地实现自己的梦想和目标。

另外，通过自我反省和提高自我意识也可以屏蔽身边的负能量。人们需要了解自己的情绪和需求，了解自己的优点和不足，并积极寻求改进和提高的方法。这可以帮助人们更好地应对外界的负能量，保持积极的心态和健康的身心状态。学会接受自己的缺点和不足，不断改进和提高自己，以更好地应对生活中的挑战和压力。

总之，屏蔽身边的负能量是人保持积极心态和健康身心状态的关键之一。观察和感知身边的氛围和情绪，选择积极、乐观的交往对象，锻炼身体、保持良好的生活习惯，培养兴趣爱好等可以提高个体的精力水平，改变思维方式，提高自我意识，进而屏蔽身边的负能量。这可以帮助人们更好地应对生活中的挑战和压力，保持积极和健康的身心状态。

记下你的心得体会

小结

1. 在当今社会，人人都希望取得成功。然而，过度追求完美会给个体带来很多负面影响。

2. 睡眠与压力、情绪之间存在双向影响关系：压力和情绪的变化会导致心埋状态的改变，进而影响睡眠，而睡眠的质量又会影响人们的情绪状态和压力水平。

3. 运动可以让人的身心得到充分的放松，消除负面情绪，使人更加积极向上。

4. 情绪具有传染性，所以要学会识别身边负能量的人，并且学会屏蔽身边的负能量。

反思·实践·探究

小李因为生活得很贫穷，便总是抱怨自己时运不济，发不了财，不能和那些富人一样，过幸福快乐的生活。一天，他在路边遇到了一位须发皆白的老人。老人见他一脸沮丧，便问他："年轻人，你好像有些不高兴呀！你为什么不快乐呢？"年轻人回答说："我始终都想不明白，为什么别人都那么富有，而我却这么贫穷。"老人接着说："贫穷？你已经很富有了！""你为什么这么说？"年轻人有些疑惑地问道。老人意味深长地笑了笑，反问道："如果现在斩掉你的一根手指，给你 1 000 元，你觉得可以吗？""当然不行。"年轻人很意外。"那么，如果斩掉你一根手指，给你

113

1万元，你觉得可以吗？""不行。"年轻人非常坚决地回答道。老人接着问："如果把你的双眼都弄瞎，给你10万元，这样可以吗？""不行。"年轻人依然非常坚定地回答。"如果给你100万元，让你马上变成一个80岁的老人，你觉得可以吗？""还是不行。""如果用你的生命换1 000万元，你觉得可以吗？""当然不行了，我都没命了，要钱还有什么用！""这就对了，你已经拥有了超过1 000万元的财富了，为什么还哀叹自己贫穷呢？"老人说完后，笑了笑便离开了。

1. 你认为小李被什么情绪所影响呢？
2. 如果小李向你求助，你该如何劝导小李？